U0271091

中国传统工匠

胡长荣　胡 勇◎编著

中国农业科学技术出版社

图书在版编目（CIP）数据

中国传统工匠 / 胡长荣，胡勇编著. —北京：中国农业科学技术出版社，2016.6
ISBN 978-7-5116-2607-3

Ⅰ. ①中… Ⅱ. ①胡… ②胡… Ⅲ. ①手工业－介绍－中国 Ⅳ. ①TS95

中国版本图书馆CIP数据核字（2016）第106605号

责任编辑 穆玉红
责任校对 贾海霞

出 版 者 中国农业科学技术出版社
北京市中关村南大街12号 邮编：100081
电　　话 （010）82106626（编辑室）（010）82109702（发行部）
（010）82109709（读者服务部）
传　　真 （010）82106625
网　　址 http://www.castp.cn
经　　销 各地新华书店
印　　刷 北京富泰印刷有限责任公司
开　　本 710*1000 1/16
印　　张 12
字　　数 180千字
版　　次 2016年6月第1版 2017年2月第2次印刷
定　　价 36.00元

版权所有・翻印必究

声明：为完整呈现传统手工业，本书部分资料和图片由作者自网络摘选引用，此前虽已尽力查找，但仍有部分图片著作权益尚未明确归属，请图片资料所有人见书后，尽快与作者联系支付费用事宜。

前言

PREFACE

在漫长的农耕文明中，劳作者以他们的创造改变着历史，以他们平凡的伟业书写着人类的文明。中国古代工匠们匠心独运，将对自然的敬畏、虔敬，连同自己的揣摩感悟，倾注于一双巧手，创造了令西方叹为观止的古代科技文明。工匠勤劳、敬业、稳重、干练、执着，以无可替代性的劳动推动人类文明的进程，为其发展做出了不可磨灭的贡献。

三百六十行，行行出状元。中国传统工匠的定义，不仅仅关注对技艺的追求，更有着济世情怀的奉献精神。中国传统手工业历经几千年的发展与传承，保留了完整的技术信息，所包涵的内容远比任何历史文献的记载丰富得多。本书既介绍了大家熟知的木匠、铁匠、锔匠等，也阐述了大家比较陌生的踹匠、捻匠、刀子匠及煮盐、造船等民间传统工匠与艺人的生活，展现了中国古代匠人的发展历程和聪明才智以及宗教信仰、社会地位等一些不为人知的行业秘密。

本书不仅是对工匠及其技艺的探索和挖掘，更多要表达的就是无论在什么样条件下，我们都要秉承的“认真踏实”“精益求精”“耐住寂寞”的工匠精神。朱熹在孔子《论语》注中解读为“治之已精，而益求其精也”，孙中山先生则扩展到整个近代手工业，概括为“精益求精”。

工匠精神，一方面是对制作的认真态度，对极致标准的严格奉行；另一方面则是不懈追求，不断探索的过程。工匠精神是工匠们对自己的产品追求完美和极致，精雕细琢、精益求精的具体体现，在传承中国工匠精神的同时，研究中国工匠精神的内涵，拓宽中国工匠精神与科技史研究的视野。

本书分为工匠历史篇、工匠行业篇、民间技艺篇和工匠精神篇几部分内容，并将中国古代三百六十行和中国历史上各行业祖师爷作为附录附后，以使读者对于工匠有全面的了解。

传承中国工匠精神，弘扬大国工匠风范，乃本书之愿望。今天，在大众创业，万众创新的热潮中，为实现中华民族的强国梦，社会需要中国工匠精神的回归。

作　者

2015年11月

目录 CONTENTS

第三章 | 民间技艺篇

第四章 | 工匠精神篇

工匠历史篇

第一章
CHAPTER 1

工匠，手艺工人、有专门技艺的人。工匠是一个庞大而特殊的社会低层群体，从产生到壮大，历经千百年的发展，为人类走向文明作出了重要贡献，大到一项国家工程，小到一个生活器具，无不留下他们的智慧和汗水。他们探索天文地理，熟知衣食住行，关注生老病死。百姓称他们为能工巧匠，特别是精雕细刻、精益求精被称之为中国的工匠精神，是推动历史前进的动力。本书将和大家一起探寻中国古代匠人那些鲜为人知的秘密，揭开尘封已久的往事，去挖掘属于中华民族的宝贵财富。

第一节 | 古代工匠的产生背景

人类在地球上出现，已有几百万年了。到了原始社会早期，我们的祖先取得了两大文明：一是学会用火，二是学会制造和使用工具。这是自人类诞生以来，在物质文明领域中取得的最具有划时代意义的两大进步。原始的生产工具都是手工制造，技术也较为简单，那时还没有出现专门制造生产工具的匠人。

随着人类社会的进步，生产不断发展，人们生活需求也不断提高，生产工具和生活用具的种类不断增加，劳动技能要求越来越高，生产工具及生活用品的制造逐渐向专业化发展。早在6 000多年以前的新石器时代，我国的先民们就会用间接打击法，制作各种不同形式的石质器具。距今约4 000年以前的仰韶文化时期，制陶就已经达到了很高的水准，工艺上出现陶土选择、制作陶泥、陶坯等多种工序，同时已经使用泥圈垒筑法和泥条盘筑法等。到了仰韶文化晚期还发明了慢轮制陶法，后发展为快轮制陶法。制出的陶器，形制规整，厚薄均匀。陶坯初型制出以后，还要用骨刀、锥子、拍子进行修削、压磨、压印等精细加工，有时还用陶土调成泥浆，施于陶器表面，因而陶器烧成后器表形成一层红、棕、白等不同颜色的陶衣，后被称为陶“釉”，也叫彩陶。制陶工艺复杂而细致，须要多道工序协调与配合，显然不是所有社会成员都能参与的，并逐渐形

新石器时期彩陶

成了手工业生产成为少数有技能专长的人所从事的主要劳动，这些拥有一定技术专长的人就是我国早期的工匠。

窑工

仰韶文化时期工匠的形成，促进了我国早期制陶业的发展，根据现在出土的陶窑遗址看，窑的结构已经有火门、火膛、火道、窑箅、窑室等，工匠们通过火门把燃料送进火膛，火通过火道分别通向窑箅上的各个火孔，均匀地直入窑室，以烧窑室内放置好的各种陶坯。据测定，仰韶文化时期陶窑的温度已达1 000℃以上，制出的彩陶表面呈红色，磨光后加彩绘，花纹繁丽，图案齐整、精美。

拉坯

龙山文化中的黑陶，漆黑发光，薄如蛋壳而又坚硬，有的还装饰有缕孔和纤细的画纹。当时工匠们所制造出的陶器种类有煮饭用的甑、陶鼎，盛饭用的陶钵、陶碗、陶杯、陶豆，盛水用的双耳壶、背水壶，存物用的陶盆、陶罐、陶缸等。1980年4月，在临沂罗庄区湖西崖出土的黑陶高柄杯，就是这一时期的代表性陶器。当时还有了石制和陶制的纺轮，骨制的梭、针、锥等纺织缝纫工具。当时工匠们的劳动生活是劳苦的，但又是平等的，并且富有创造性的。

到了原始社会晚期，出现了部落氏族，氏族之间有了手工艺生产的分工。传说黄帝时期就曾命宁封为陶正主管制陶；命赤将为木正主管木器制作。后来人们传说黄帝及其亲人发明了衣裳、舟车、弓箭等，正是表明那个时代氏族工匠分布和分类情况。直到那时为止，一切手工业生产还都是原始的形态，人们从事手工业劳动，并不受任何统治与剥削，工匠只是因为氏族社会内部分工而出现。

陶车

自从私有制国家出现以后，在等级社会中工匠是被统治阶层的劳动者，奴隶制度时代有不少的工匠处于被奴役的地位，金文中所记的“百工”，一般就是身份近于奴隶的手工业劳动者。封建社会的社会成员，按所从事的职业来看，可分为士、农、工、商，即古代文献中所说的“四民”，其中，工与商一起排在后边，处于末业的地位；“重本轻末”是历代王朝的基本政策，并形成古代一致的社会舆论，所以在古代社会中工匠的社会地位很低。当然工匠在官府劳动与在民间劳动有许多不同，其社会地位还有平民、半贱民、奴婢等不同等级之分，在曲折的历史过程中，其身份和地位也有变化。

春秋战国时期，旧制度、旧统治秩序被破坏，新制度、新统治秩序在确立，新的阶级力量在壮大。隐藏在这一过程中并构成这一社会变革的根源则是以铁器为特征的生产力的革命。生产力的发展最终导致工匠队伍壮大起来。在春秋时期见于记载的有“食官”的百工，一方面是他们还没有独立的经济，无生产资料，集中到官府劳动，受到严格的剥削，他们的社会地位是处于贱民与平民之间。到了战国时期，史书明确记载，在官府内劳动的工匠由两部分人组成：一是平民身份的匠人，他们有属于自己的财产，在为官府劳动中表现好的受到奖励，产品质量不好或造成损失时又要实行物罚或赔偿；二是从事手工业劳动的还有刑徒或战俘，他们在劳动中处于奴隶的地位。

我国远在春秋战国时代，就有冶铁业出现，到了秦汉时代铁器被广泛使用，在这个时期出现了专业的铁匠，距今已有两千多年了。在诸侯战争中被吞并的小国中，“食官”的百工大约有相当一部分流落各地，转化为独立经营的民间工匠。《礼记·中庸》中说：“来百工则财用足”，说明战国时期各国都愿意招留外来的工匠，可见工匠们已经活跃起来并受到了社会的重视，具有自由民的身份。民间工匠有的定居于市井旁，出售自己的产品，有的则靠手艺游食于四方。他们生产规模小，技术熟练，自由经营，技术传承只在本家族内部进行，生活水平一般比农民要高。

战国手工业，一部分为官府经营，一部分属民营，官府手工业的历史可以上溯到商周，战国时不过继其余绪而已，但在经营的门类、规模以及技巧方面都有新的发展。像新出现的冶铁业，也是官府工业中所不可缺少者。当时官府除生产

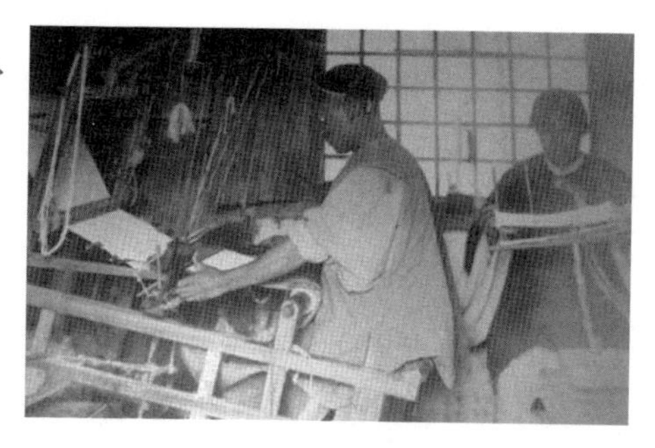
织布

和国计民生关系密切的盐、铁、钱币之外，还涉及漆器、陶器、纺织和金银玉石等领域。

在秦汉至唐中叶时期，中央集权已经形成，地主土地所有制已经确立，社会经济向前发展，但工匠们在社会中的地位并没有得到相应的提高，在有些方面往往比战国时期还要低一些。作为平民身份的工匠，独立经营，有较多的生产自由，可是这个时期的徭役负担沉重。汉代还规定不许工匠充任皇家及政府军营的警卫；北魏时期规定不许工匠读书做官，不许私立学校教其子女读书，违者全家诛灭，连应聘的教师也要处死。直至唐代工匠，仍然是庶民等级中社会地位较低的人，政府仍规定工匠不许做官。唐太宗明确说过："工商杂色之流，假令术逾侪类，止可厚给财物，必不可超授官职，与朝贤君子比肩而立，同坐而食。"唐高宗时还有"工商不得骑马"的规定。自秦至唐的手工业作坊，普遍还有使用刑徒、奴婢劳动的现象，如汉代的铁官徒、南北朝时期的"锁士"及隋唐从事手工业劳动的奴婢等。

自唐代中期开始，社会经济制度发生了重要变化，商品生产得到空前发展，工匠的社会地位也得到了改变。宋代与明清时期手工业中使用奴婢劳动的现象明显减少，雇工劳动逐步得到发展和普及，尽管元代有短时间的反复，但从历史发展来看，自宋至清这个时期工匠的社会地位还是有所提高，许多工匠已具有真正的平民资格，他们也有了代表自己利益的行帮组织，积极参与各种民间的社会活动，有的还是民间秘密结社的重要成员，因失去了独立劳动的条件而受顾于人的工匠，也更多地获得了平民的法律地位。

总的来说，中国古代工匠在原始社会就已经产生，在私有制和国家出现以后的等级社会中其社会地位是低下的，随着社会经济的发展才逐步有所提高。

第二节 | 古代工匠的不同类型

自从国家出现以后，工匠就逐渐分为两种类型：服役于官府时称为官匠，在家从事手工业劳动的则称为民匠。官匠劳动的产品，一般不上市流通，其目的在供统治者及官僚机构的需要，不计成本，不求利润；民匠所从事的主要是商品性质的生产劳动，其产品主要靠交换使用。

在殷墟遗迹中已发现3 000年前的官府作坊，先秦文献中也有“处工就官府”和“工商食官”的记载。先秦时期文献中记载的“百工”在“工师”率领下从事的劳动就是官匠的劳动。

秦汉至唐代中期的官府手工业作坊的主要劳动者是婢、徒、匠、卒。汉代的官奴婢有的是要“黥面”的，即在他们面额上刺字。唐制规定官奴婢要按技能分配工作，“工缝巧者隶之（掖庭局），无技能者隶司农诸司营作”，他们都要长役永作。卒，在汉代称为“更卒”，隋唐称为“丁夫”，他们没有专门技术，征调到官府作坊从事一些非技术性的劳役。有专门技术的古代工匠，他们被政府用户籍固定下来，以便到官府手工业作坊服役。在唐代官府作坊劳动的有短番匠、长上匠和明资匠。短番匠是按期轮番到官府作坊服役的工匠，长上匠是长期在官府作坊服役的工匠，但也有休假在家的时间；明资匠在官府作坊劳动

窑工（雕像）

时领受工资。

唐代中叶以后，在官府作坊劳动中，无偿应役和从事奴婢劳动者日益减少，而越来越多的是可以取得劳动雇值的工匠。宋代官匠就是多由雇募而来的，其中和雇匠的待遇同民间雇工差不多；招募匠与招兵大致相同，有些就是由军兵转成的军匠。他们都有报酬。虽然待遇还低，但比征役制下的无偿服役进步了许多。

元代为了便于强制征调工匠服劳役，将工匠编入专门的“匠籍”。隶属于官府，世代相袭，实行轮班或住坐为国家服役。把全国有技能的工匠分别编入官匠、民匠和军匠3种户籍。官匠称为“官局人匠”或“系官匠户”，他们要长期在官局服役，地位世袭，不准迁业。明代沿袭了元代的匠户制度，将人户分为民、军、匠三等。其中，匠籍全为手工业者，军籍中也有不少在各都司卫所管辖的军器局中服役者，称为军匠。从法律地位上说，这些被编入特殊户籍的工匠和军匠比一般民户地位低，他们要世代承袭，且为了便于勾补不许分户。匠、军籍若想脱离原户籍极为困难，需经皇帝特旨批准方可。轮班匠的劳动是无偿的，要手工官坐头的管制盘剥，工匠以怠工、隐冒、逃亡等手段进行反抗，明政府不得不制定了适应商品经济发展的以银代役法。嘉靖四十一年（1562年）起，轮班匠一律征银，政府则以银雇工。这样，轮班匠实际名存实亡，身隶匠籍者可自由从事工商业，人身束缚大为削弱。明中期开始的逐步深化的匠役改革无疑促进了民间手工业生产的发展。到了清代，持续了四个多世纪的匠户制度正式终结。

为保证与日俱增的政府需要，从明成化二十一年（1485年）开始实施班匠银制度，规定轮班匠可以出银代役，无力出钱的工匠仍旧“依班上工”。到嘉靖八年（1529年）班匠银制度在全国强行实施，工匠“不许私自赴部”服役。轮班匠虽然没有脱离匠籍，但每年交银4钱5分，便可取得法律上的劳动自由。万历四十三年（1615年）时全国住坐匠有15 000人，只占当时应在官府服役匠户的1/10。

清代顺治二年（1645年）宣布废除匠籍，免征匠班银，工匠在法律上获得了一般民户的地位，标志着徭役时代的结束。但由于财政拮据，清廷仍以各种改头换面的形式无偿役使和利用着工匠，而且又于顺治十五年（1658年）恢复征收匠班银，匠户不但要与普通民户一样纳丁银，还要交纳匠班银，一身两役，不堪重负，严重地影响了官民营生产。康熙二十年（1681年）开始，各省将匠班银摊入地亩，工匠才最终摆脱了匠籍制度的束缚，彻底结束了无端服徭役的时代。实行纳银代役后，他们逐渐获得了更多的自主经营权，这就更大的调动起他们的劳动积极性，从而促进民间手工业的发展。与此同时，官府又用所收代役银钱雇用工匠到官府作坊劳动，使雇用工匠制推广开来；官府雇佣工匠人数的增多，又进一步影响民间雇工制，这样手工业上的雇工制就发展起来了。

清代顺治二年（1645年）下令废除了匠籍制度，京城名局虽然还有少数类似住坐匠的手工业劳动者，但住坐匠的名称已不存在。官营工业中使用的劳动者多由雇佣而来。官营手工业的范围和规模缩小了。除在北京设有作坊外，只在江宁（南京）、苏州、杭州设织造局，主要是实行“买丝招匠”的经营方式。景德镇的御窑，在清初就已经实行“按工给值”的雇工制度，乾隆年间官窑塌毁后，就都改为“附于民窑搭烧”了。至此，中国古代强制工匠入官局服役的制度最终瓦解，注籍官匠户获得了解放，这无疑是一个进步。

烧窑

古代的官匠制度，在早期客观上对推动社会分工、提高工作效能、传授劳动技术有一定作用，但从总体上来看它是有碍于商品经济发展的。首先，为了保证朝廷有充分的劳动力，凭借国家的权力，在很长的时间内把工匠用户籍等方式固定下来，不许改业，使“工之子恒为工”，这就把全国工匠都变成官手工业的后备军，使他们不能将全部技术

男耕女织图

和劳力投入到手工业品的商品生产，官匠制度成为束缚民间手工业发展的枷锁。其次，因为有官匠的劳动产品可以无偿的提供给消费者使用，就使皇室和官府这些古代社会中手工业品的最大消费者，在很长的时间内，特别是在古代社会的早期和中期，不用去依靠市场，使市场上的商品，特别是奢侈品和高级手工业品，失去了最大的买主，使本来就不发达的商品生产更难于发展。最后，官匠劳动是不计成本的，这就往往造成社会上人力物力的巨大浪费，对社会经济的发展是极为不利的。

中国古代民间工匠出现很早，只是开始工匠劳作主要存在于“男耕女织”的自然经济结构之中。据文献记载，到春秋战国时期，以商品生产为主的民间工匠就已经开始活跃在经济领域。如《孟子·滕文公》中就有这样的记载：“有为神农之言者许行……其徒数十人，皆衣褐，捆屦、织席以为食。”当时许多的徒弟“捆屦织席”，不是供自己使用，他们生产这些鞋和席是为了出售，以便换得衣食等来维持生活。孟子说过：“夫物之不齐，物之情也，或相倍蓰，或相什百或相千万，子比而同之，是乱天下也。巨屦小屦同价，人岂为之哉？”就是说各种器物的不同，是客观存在的，不加区分，那社会秩序就乱了，大鞋与小鞋价格相同，那就没有人做鞋出卖了。这说明春秋战国时期，手工业品公认的不同标准和不同价格，手工业品在民间买卖交换已经是很平常的事情了。

鞋匠（资料图）

民间工匠是有专业技能的手工业劳动者，他们靠手艺从事劳动，维持生活，即所谓“技艺之士资在于手”“百技所成，所以养一人也”，他们是民间小商品的生产者。在《管子·问》中还把民间工匠列为国势调查的项目之一，“问：男女有巧伎，能利备用者几何人？处女操工事者几何人？”可见，战国时期民间工匠的多少，已经是衡量国家力量大小的标准之一，民间工匠在经济领域已经相当活跃。

春秋时期民间工匠的劳动，大多数是在家里进行，等顾客上门购买。

战国时期民间工匠的另一种劳动经营方式是在市镇设立店铺。他们在政府的管理下，按以类相从的要求列肆而居，所以《论语·子张》说：“百工居肆，以成其事。”这种工肆制度是将同行业的店铺，聚居于同一地点，或一街或一巷，以便于生产和交易。这种办法以后也形成习惯，沿续下来，至今很多古镇、街道仍保留这一传统。

战国时期还出现了一些巡游匠人，称为“流佣”。这类工匠只有手艺和一点简单的工具，无力开设店铺，只能沿街求雇，用雇主的原料加工或从事维护修理等服务性重行业，以此获得报酬，维持生计。《韩非子·说林》中就记载这样一段“流佣”的故事：

鲁人身善织屦，妻善织缟，而欲徙于越。或谓之曰：“子必穷矣！”鲁人曰：“何也？”曰“屦为履之也，而越人跣行；缟为冠之也，而越人披发，以子之所长，游于不用之国，欲使无穷，其可得乎？”

这对鲁人夫妇都是各有技能的工匠，以为别人做鞋帽为生，他们流动作业，本来家住鲁地，而要远徙于越（今江浙）去做工。可见是属于“无常职，转移执事”的“流佣”。

据《考工记》载：“郑之刀、宋之斤、鲁之削、吴粤之剑，迁乎其地，而弗能为良。”这些都是地方特种手工业品，其他地方做的都不如这些地方做的好。这里有自然条件的因素，但更多的是社会条件，就是工匠的技术传统，因为手工业技术，完全建立在个人手艺的

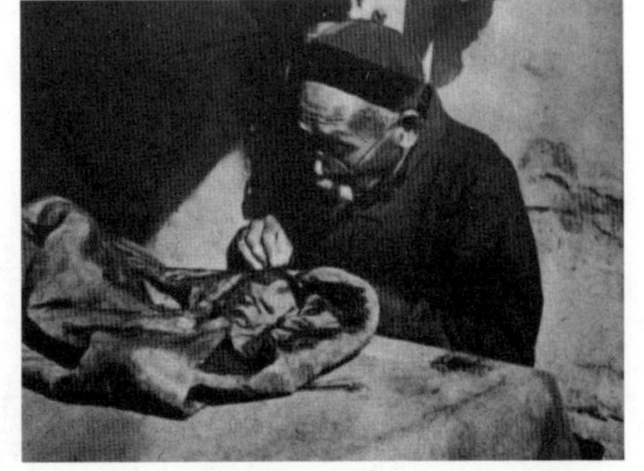

老裁缝（资料图）

熟练上。所谓“熟能生巧”，就是要经过长期的实践，才能摸索到技术的诀窍。如当时的齐国之所以“多文采布帛”，并一直是“冠带衣履天下”，就是因为这里从太公时起就“劝其女功，极技巧”，且从业人员较多，这是其他桑麻产地所不能比的。

民间工匠的发展与活跃是春秋战国时期工商业发展的动力，同时，工商业的发展又为工匠施展才能提供了好的社会环境。司马迁在总结春秋战国时期经济领域自由竞争、工商发展的盛况时说，当时社会上已经是“人弃我取，人取我与”，人们千方百计地在生产或经营活动中追求各自的利益。更是新旧交替的社会大变动时期，新掌权的统治阶级，对工商业者控制较松，束缚也少，为工商业的发展提供了好的条件，民间工匠队伍也得到了壮大，表现非常活跃。

秦代建立了庞大的官工业生产体系，众多的民间工匠大都被网罗到官营作坊和工程中劳动。如仅参加秦始皇陵兵马俑雕塑创造的陶工，就有近千名之多，应当说这包括了当时秦始皇权力所及的范围内大部分制陶名匠。考古专家在陶俑身上发现了80多个工匠的名字，这些名字一般都在最隐蔽的地方，一般是不容易看到的，比如腋下、臀部等隐蔽的地方。这些工匠从何而来呢？据原秦始皇兵马俑博物馆馆长介绍，姓名前面带一个“宫”则表示来源于中央宫廷，比如，有不少名字为宫墙、宫得、宫进、宫朝、宫颇、宫长、宫海等；另外一部分是从全国各地选拔的能工巧匠。这些能工巧匠由于各人具有各人的风格，因此创作出来的兵马俑也是千人千面。它不是用模子刻的，是一个一个烧制出来的雕塑，兵马俑虽然个体巨大，但在当时绝大多数都是整体烧制而成的，只有个别俑的头是和身子分离烧制的。现在有很多仿制兵马俑的，为了防止陶俑烧变形，防止炸裂，有的采取分段烧的办法，把

兵马俑

一个身子分成几段，烧了以后粘接起来，但烧制出来的陶俑会有接痕，无法与真俑相媲美。在烧制技术上，现代人还无法拿捏好烧制方法，容易变形。

古代集市（剧照）

民间工匠的状况，在隋唐统一的社会环境下，有了好转，但是经过400年战乱，使社会商品经济的生机丧失殆尽，短时间是难于恢复的。再加上隋代和唐代初期建立起来规模宏大的官工业生产体系，垄断了销路广大和有丰厚利润的主要工业部门，留给民间工匠发展的余地仍然是很有限的。到唐代中期，改变了官匠管理制度，实行纳资代役和雇工劳动以后，这情况才有较大的实质性的变化。宋代又放松了对城镇工商业者生产与经营的限制，并有一些商业城市出现，商品经济继战国至汉初的第一次发展之后，又得到恢复和发展。从事商品生产的家庭手工业和小手工业作坊遍布全国城乡，各行各业的民间工匠队伍又重新得到发展。《唐六典》中把民间工匠称为“工作贸易者”，这就是说他们是手工业小商品的生产者兼销售者，不论生产的形式如何及规模大小，他们生产的目的是为了出售。用经济学的语言来说，他们是把产品当作交换价值来生产的，而不是当作使用价值生产的。民间工商业者在全国各地的活跃，使唐宋时期的社会显示出繁荣景象。

元代实行匠户制度，政府又加强了对工匠的控制，限制了民间工匠的发展，直到明代中期以后民匠队伍才又得到了较大的发展。

明清时期，是中国古代社会商品经济大发展的时代，这就使民间工匠有了更为广阔的活动天地，队伍空前壮大。例如，景德镇当时已发展到商贩毕集，民窑二三百区，终岁烟火相望，工匠、人夫不下十余万，“靡不借瓷资生”。据《佛山忠义乡志·乡俗志》载：佛山地区几乎家家冶铁，有炒铁炉数十，铸铁炉数百，昼夜烹炼，火光烛天，四面薰蒸，虽寒也燠。苏州的染织业到乾隆时期已“比户习织，不啻万家”。在宋元时期，苏州城内只有少量的人从事丝织业，到了明中叶以后苏州市郊的震泽镇及各村居民“尽逐绫绸之利”。

明清时期，工匠的分工越来越细，新的工种不断产生。如景德镇瓷器场内工匠生产即分有淘泥、拉坯、印坯、旋坯、画坯、舂灰、合釉、上釉、挑搓、抬坯、满掇、煤窑、开窑、乳料、舂料等许多工种。其中，画工又分为乳颜料工、画样工、绘事工、配色工、填彩工等。在纺织部门，原来主要从事丝、麻纺织，明清时期棉纺织工匠遍及全国，成为纺织行业的主力，其中，又分轧花匠、弹花匠、纺纱匠、织布匠、染布匠、踹布匠等。

随着工业化城市和地区的逐步形成，工匠的行帮组织开始出现。如清代苏州织绸业中的雇工就分京（南京）、苏两帮；广州丝织业雇工按籍贯分帮；四川富荣盐场盐工分江津和南川两帮；上海的铁匠、铜锡匠、木匠就有上海帮、无锡帮、宁波与绍兴帮之分。这些以维护同行中同乡人利益组织的出现，充分反映了工匠队伍的发展壮大和自我保护意识的增强。

随着社会经济的发展，自然经济日渐衰落，商品生产对市场的依赖程度不断加强。有些工匠开始失掉了生产的独立性，有的已经是“往来抛梭不停手，及时花样随他人”（张宣《青旸集》），很多工匠已经不能继续自主生产，必须按照商人或雇主的订货要求去加工生产。生产上的不稳定性增加了工匠的风险，市场一旦发生变化，他们就会束手无策并造成损失。在纺织、冶铁、制瓷等行业，工匠生产受包买商控制的现象都较突出，这些工匠已无法与消费者直接打交道，被商人从中操纵价格，利用压价、压级、压秤或拖延收买等手法，支配和剥削工匠。

冶炼图

随着社会商品生产的发展，机械在工业生产中的应用和工业生产者的分化，资本家与工人终于同时走上历史舞台。

明清时期商品经济的发展，使民间工匠队伍壮大发展的情况。但同时我们也应当看到，当时的社会基本结构仍然是以自然经济为主体的封建经济；明清时期同时也是中国封建社会中央集权制度发展的高峰时期。在这个大环境下，即使是法律上有了自由身份的民间工匠，对国家仍有封建依附性，他们不可避免的仍然要遭受种种封建性质的剥削和压迫，甚至他们自己的社会组织行帮，也是一种封建性质的组织，对工匠活动有许多的束缚。

油坊

官匠与民匠的区别，在唐代中期以前比较明显。唐代中期以前，官府利用权力强行把所需要的工匠征调来到官办作坊中劳动，服役期限在早期没有规定，多数要长年累月地为官府辛苦的服役，所以《北史·齐本纪下》记载说“百工困穷，无时休息”。官匠劳动要受工官的严格管理和监督，据《旧唐书·崔善为传》记载，隋文帝时修造仁寿宫，总监杨素去检查工程的进度，走到崔善为带领的有500名工匠劳动的场所时，“索簿点人，善为手持簿暗喝人，五百人无一差失”。官匠一般有特殊的户籍管理，南北朝的文献中就有金户、银户、绫罗户等名称出现，其应役范围用户籍固定下来。

到唐代中期以后，官匠与民匠的区别越来越小，以后界线逐渐消失。隋唐时期官工业使用的工匠多数已经采用轮番服役的方式，一般每年役期不超过两个月，其余时间多数就在家劳动。特别是唐中期以后实行了纳资代役的管理办法，大部分工匠都可以纳一定数量的捐或钱来代替服役，以求全年都在家劳动。官工业中必须使用的劳动力，政府用所得代役钱另雇，这样官匠事实上多数都由召雇而来。唐朝后期的名臣陆贽把这种变化总结为两句话，即“变征役以召雇之目，换科配

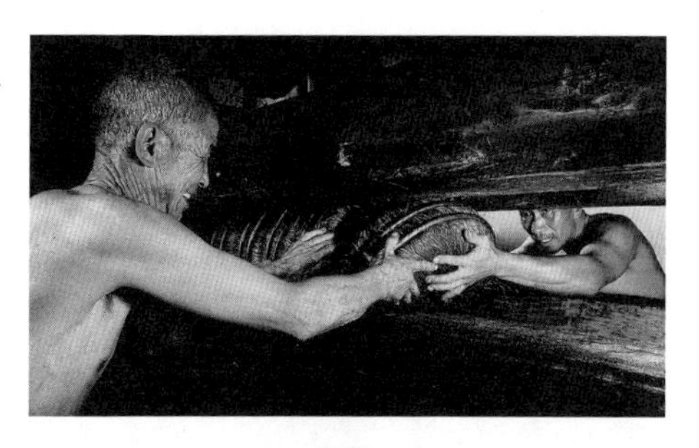
榨油

以和市之名”。(《陆宣公集》卷二十二)说明唐代中期以后不但官用工匠由无偿征役改为和雇，官工业所用原料也由过去强令地方进贡改为向民间购买。《宋会要辑稿·食货》载：宋代王安石变法中有助役法一项，也是“欲得和雇钱”。唐代中期以后，官府工业需要长期使用的工匠，所得到的报酬与民间雇工逐渐趋向一致，说明多数官匠与民匠的区别事实上正在缩小。这期间元明时期一度曾经实行匠户制度，对官匠与民匠又实行过不同的管理办法，但时间不长，明代即改变轮班服役的办法，后又改为纳银代役，到清代初取消了匠户制度，使官匠与民匠没有太大的区别。

在中国古代社会，自从工匠有了属于自己的劳动工具和生产资料，就有了他们的家庭个体劳动。这是一种古老长久的匠作形式，有数千年的历史。古代文献早有记载，如2 000多年以前的战国时期,《孟子·滕文公》就记载说:“彼(陈仲子)身织屦，妻辟炉，以易之(屋室、食粟)也。”这个陈仲子就是从事家庭劳动的民间鞋匠，他自己做鞋，妻子搓制麻线，以此换得居室和食粮，来维持一家人的生活。类拟陈仲子这样从事家庭劳动的工匠，历代文献都有所记载。如《水经注》卷十中就记有一个叫啸父的补鞋匠，是冀州(治所在今河北冀县)人，为人“补履数十年，人奇其不老，求其术而不能得也”。《陈书》卷七中在记载后主陈叔宝的张贵妃时说，她本是贫家的妇女，其“父兄以织席为事”。就是说她父亲和哥哥都是靠织席来维持一家人生活的，是从事家庭劳动的手工业者。

制鞋工(资料图)

唐宋时期，在统一的环境下，社会经济出现了繁荣景象，各行业工匠的家庭手工业也有了更大的发展。工匠除轮番赴役外，大部分时间是在家劳动，有的还可以物抵役或纳资代役，这就为多数工匠家庭劳动的发展创造了条件。唐宋时期有许多工区家庭劳动匠劳动的方式是，用自己的工具和原料，按市场需要设计生产，然后自行出售产品。据《全唐文》卷九载，唐代盛行佛教时，宦官贵人普遍供奉佛像，民间工匠便争先恐后铸造佛像到市场出售，供奉之家竞相购买。以致唐太宗都感到有失尊严，下《断卖佛像敕》，禁止把佛像当作普通商品在市场上出售，认为在市场买卖佛像，讨价还价，是“罪累特深，福报俱尽”。规定“自今以后，工匠皆不得预造佛道形象卖鬻”，已做成的，也不得销毁，要在10天内分送到各寺观。不管这道禁令是否生效，但却反映出当时民间工匠自造佛像上市买卖，是很兴盛的。

元代执行匠户制度，把大部分工匠置于政府的强制管理之下，可以随时差遣到官服役。经常能在家劳动的只有“畸零无局分人匠”，即少数没有被征调到官府作坊劳动的工匠。但是他们也要每年自备物料，或到所属官府领料，然后“造作诸物”，送到所在地的官府，以求免掉差役。这样多数工匠在家自由支配的时间就很少了。不过特别值得提出来的是，棉纺织技术，正是在元代初年，由著名织工黄道婆引入中原地区，而后传遍全国的。黄道婆本是江苏松江乌泥泾镇（今属上海）的一位当过童养媳的劳动妇女，南宋末年只身流浪到海南岛，从当地少数民族那里学会了棉花的纺织、染色等全部工艺。到老年已是元代初年，才回到故乡，广泛传授所学到的“错纱”“配色”“综线”和“挈（提）花”等先进的棉纺织技术，同时革新了碾棉籽的“搅车”和弹花的“推弓”，对纺纱、织布、提

民间黄道婆画像

经的机具都所有改进。陶宗仪的《辍耕录》说，经黄道婆一系列的革新后，当地的棉布做成“被、褥、带、帨（佩巾），其上折枝、团凤、棋局、字样、粲然若写”。从此松江地区的人民多执此业，松江地区的棉纺织品名闻全国，赢得了“衣被天下”的声誉。

明清时期随着官手工业的衰落和匠户制度的废止，家庭个体工匠逐渐增多。如清代北京地区就有许多个体经营的工匠。磨刀匠多是走街串乡，沿门求雇，他们一般是肩扛板凳，上置粗细磨石，手拿一串系好的铁片，边走边敲；也有推着小车，吹喇叭行叫的，早年他们还为人代洗铜镜。民间铁匠多是在家点火劳作，为别人加工制作家具或生活用具；也有的两三个人推一小车，带着风箱、煤炭及砧、钳、锤等打铁用具，在街巷村镇合适地点（冬天找向阳处，夏天找乘凉处）生火揽活，为人们打制各种常用铁器。小炉匠也叫锔碗匠，专门为人家修补锅、碗、盆等用具，一般是挑担串乡求雇，前头担着木箱，内放铁铜丝片等物料，箱内木匣中盛放各种工具，箱旁还有弓、钻等物；挑担后边是风箱、火炉，架上悬带铜钲、铜坠，行走时能摆动，自相击打，发出声音，以招揽生意。俗语“没有金刚钻，别揽瓷器活”，就是来自小炉匠的劳动生活。个体木匠外出做活时多背带荆筐，内装各种工具，到远处劳动时改荆筐为板匣。老北京还有一种走街串巷的染布匠人，肩挑染具担子，前面是黑木箱，上放颜料匣子、瓶子，后面是染衣小锅，下有盛煤炭的荆筐或木箱，顺着扁担附一根长竹竿。有活计时就地在门口或院中点火染作。染成衣以件计价，布料以尺计价。染衣前

磨刀匠（资料图）

染布（资料图）

先染一布条作试样，主人认为颜色合意时，再正式染衣布。染好后拧去水分，系于所带来的竹竿上端，在空中来回晃动，待衣服干后不花不缕，才收钱离去。老北京的贫家妇女有的还做一种“老虎活”出卖。所谓老虎活就是把贱价买来的旧衣服，拆洗成片，改做成一件件染色深浅不一但看上去不脏不破的衣裤，去晚市上设摊出卖。

清代刑部钞档中，对涉及个体工匠的民事纠纷也有记载。如乾隆元年（1736年）山西成衣匠孔明艺，为本匠赵三林的儿子缝制了两件衣服，应付400文工钱，赵无钱支付，最后经判定用九畦青菜作价405文，才算偿清。再如乾隆五十六年（1791年）江苏裁缝张氏为人做布衫一件，按时价应付80文钱，最后仅付65文钱，就免于争执，互相认可。

男耕女织是中国古代社会自然经济结构的特点和核心，也是古代劳动人民长期形成的传统劳动方式。在多数情况下，手工业是作为副业来安排的，但随着社会经济的发展，手工业劳动在有些家庭经济中所占的比重越来越大。先秦时期就已有“待织妇举火”的记载，就是说一家人等待用妇女织的布去换来粮食，才能有饭吃。这种情况到后来日渐增多，唐宋以后，江南地区逐渐出现了一些以纺纱为生的村镇居民和以织布为生的专业机户。特别是到了明清时期，江南乡镇中的纺线工“晨抱纱入市”，易棉而归，明晨又“复抱纱以出”，天天如此，无顷刻得闲。他们往往“通宵不寐”，日夜兼纺，因为其“家之租庸、服食、器用、交际、养生、送死之费，胥由此出”。这些机户一般全家都参加手工业劳动，已由过去的“男耕女织”变成“夫织妻络”了。

据乾隆时期纂修的《吴江县志》卷三十八记载：明中期以后当地纺织工匠家庭劳动的状况说：“有力者雇人织挽，贫者皆自织，而令其童稚花，女工不事纺绩，日夕治丝，故儿女自十岁以后，皆蚤（早）暮拮据以糊其口；而丝之丰歉，绫绸价之低昂，即小民有岁、无岁之分也。”男子纺织，女人治丝，童稚挽花，这是贫寒的纺织工匠家庭的劳动分工，他们一家老小要从早到晚不停地辛苦操劳，才能勉强维持生存；收丝多少，绫绸价格的高低，都关系到这些贫苦纺织工匠家庭的生活。甘熙撰写的《白下琐言》卷八记载南京城内纺织业时也说：“民间所产皆在聚宝门内东西偏，业此者不下数千百家，故江绸贡缎之名甲天下。剪绒则在孝陵卫，其盛与绸缎埒。交易之所在府署之西，地名绒庄，日中为市，负担而来，踵相接也。”可见在明清时期，南京城内的纺织业很发达，其中也包括众多的负担交易的个体工匠。吴江县和南京的情况说明，清代个体纺织工匠的家庭劳动已遍布苏南地区的城市和乡村了。

纺织

纺织工匠的家庭劳动产品，不仅用于民间，而且也供官府使用。南北朝时期的“绫罗户”，唐代的“织锦户”，明清时期江南地区的“机户”，都有为官府织造的任务，而且必须保证优先完成。正像唐代王建《织锦曲》中描写的那样：“一匹千金亦不卖，限日未成宫里怪。”他们只有在完成官派任务后，才能另行安排自己的生产。

纺织工匠的家庭劳动效率，据清代文献记载是：单锭纺车日可纺线5两，即所谓“阿婆弹花日一筐，小姑纺纱日五两”。用二三锭纺车日可得10两左右，织布是“旬日可得布十匹”，平均每日可出1匹。纺织兼作的家庭，如果只有一个妇女劳动，从弹花、纺纱、浆纱、接头到织成布，“每匹二丈，七日始得告成焉”。劳动力多的家庭，如“匹夫匹妇，五口之家，日织一匹，赢钱百文”。这里五口之家，一般是两个成年劳力与三个老幼劳力组成。总的来讲，每出1匹2丈长的土布要5～7个劳动日才能完成。

古代工匠，都注重维护自己的信誉。因此尽力发挥自己的独特技术，生产名牌产品，于是“某家某物”就成为最好的商标。如沿续到今天的北京王麻子剪刀、杭州张小泉剪刀，当初都是家庭个体工匠的产品。

织布（资料图）

北宋时期京城汴梁（开封）已是“万姓交易”，盛况空前。那时人们买东西就“多趋有名之家”。孟家的道冠，赵文秀的笔，潘谷墨，都很出名。至于南北风味的食品，更是数不胜数。南宋的首都临安其盛况更远盛旧都汴梁，文献有记载的名家小商品不下数百家。如彭家的油靴、宣家的台衣、顾四家的笛子、舒家的纸札铺、童家的柏烛铺、朱家的裱褙铺、游家的漆铺、邓家的金银铺、齐家的花朵铺、盛家的珠子铺等（吴自牧《梦梁录》卷三十），这些以家命名的店铺作坊，都是从家庭个体生产发展起来的。

店铺

对唐宋时期的笔墨精品，文献上多有记载。如宣州诸葛氏笔就是为当时士大夫“争宝爱”的名家产品，诸葛自唐初创业，“力守家法”，直到宋代末年将近700年其笔墨盛名不衰。又如歙州（治所在今安徽歙县）李家制墨，有独特的用胶法，可达到“遇湿不败”的质量。传到李庭圭这一代，质量最高，名声最大，有钱人家争相收藏。有一个富家有一块“庭圭墨”掉到水池中，认为经水泡过必坏，捞上来也没用了，就没立即打捞。一个多月以后，这家主人在池边饮酒作乐，又把一只金器掉到池中，就立即找来会水的人打捞，顺便也把“庭圭墨”一同打捞上来，结果这块墨“光色不变，表里如新，其人益宝藏之”。宋代的“潘谷墨”也久享盛名。潘谷不但善于制墨，而且鉴赏能力很高，可以做到“揣囊知墨”，就是说你拿出用布包裹着的名家墨品，潘谷隔着布仅凭味道就可判知是哪家的产品。

墨

泥人

著名文学家陆游在他的《老学庵笔记》卷五中还记有这样的例子。当时鄜州（治所在今陕西富县）田氏制的泥人，名扬天下，即便是京师的艺人模仿他的作品，也“莫能及”。田氏泥人“一对至直（值）十缣，一床至直十千”，多为当时富家收藏。陆游自己家就收藏有一对卧态田制泥人，上面刻著“鄜畤田制”的字样。同书中还记有“滑州（治所有今河南滑县）冰堂酒为天下第一，方务德家有其法”“故都李和炒栗，名闻四方，他人百计效之，终不可及”。直到多年以后，有人到外地再见到炒栗时，还会很自然地回想起当年汴梁李和的香栗，可见其给人的印象至深。

名家产品都有其绝技，而这些绝技又是靠家传得以延续的。手工业劳动技术直接接触才能掌握，靠长期教育和训练才能提高，所以古代工匠技术的传授主要方式就是家庭传授。《国语·齐语》中就有通过家庭教育传授工匠技术的记载：令夫工群萃而州处，审其四时，辨其功苦，权节其用，论比协材，旦暮从事，施于四方，以饬其子弟，相语以事，相示以巧，相陈以功。少而习焉，其心安焉，不见异物而迁焉。是故其父兄之教，不肃而成；其子弟之学，不劳而能。夫是，故工之子恒为工。

这里所指的是先秦时期工匠的训练途径和方法，采取“父兄之教”和“弟子之学”的家传教育方式。他们长期在一起，旦夕相处，耳提面命，终至“不肃而成”，“不劳而能”，一代一代把技术传下来。

在市场狭小的古代社会，工匠保存本家的一技之长，就是自己生存的保证，而只要把生产技术的秘密泄露于人，就是在为自己制造竞争者。这对古代工匠来说，无异于自断生路。因此，古代工匠在传授技艺上特别慎重，十分注意保守技术密诀。一般只传本姓、本家，不传外人，就是本家中有的还只传男不传女，怕女儿出嫁后，把技术带给夫家。有的工匠为保守技术秘密，两家世代为婚，宋代陆游在《老学庵笔记》卷六中对此就有记载：

亳州出轻纱，举之若无。裁以为衣，真若烟霞。一州惟两家能织，相与世世为婚姻，惧他人家得其法也。云：自唐以来名家，今三百余年矣。

这正像唐元稹《织女词》中所形容的情况一样："东家白头双女儿，为解挑纹嫁不得"。工匠为了保守家传的技术秘密，竟被迫陷入有女终生不嫁的悲惨境地，在古代手工业的发展史上，真是不知洒过多少工匠的泪水！

古代严守自己的技术秘密，不轻易外传的传统也有另一种作用，这就迫使各行各业的工匠自专其业，穷终身之力，并调动世代相传的力量，来提高自己家传的技艺，以至可以达到炉火纯青的水平。如古代江南所产的漆制品精美绝伦，其制作水平，令人叹为观止。其中关键工序是擦漆和配料。据浙江《鄞县通志》记载："擦漆油工，向来甬人独擅其法，纯用右拇指腂面著实推擦之，大约一点漆，著木擦至半小时……寻常一方寸之木，穷一人一日之力，往往尚不克完成，其矜贵可知矣。……是行工人始学时，每日必用羊肝石打磨其右拇指腂文，使平滑不棘，至著水不留痕为良技，且常保护右拇指不接触有色纸布等物。又方擦漆，其出品俗有直呼为假象牙者。"又说漆作合料为第一要诀，然无一定剂配分量为依据，全凭经验，手揣意度。

漆器

在中国古代，有技术专长的工匠都是像以上浙江宁波漆工这样刻苦磨练，经过长期经验的积累才"独擅其法"，生产出名家产品。

第三节 | 古代工匠的社会地位

在古代社会中，还有一些由于种种原因完全失去劳动资料和独立生活条件的工匠，他们一无所有，只有依靠主人提供的条件才能劳动与生存，没有人身自由，任由主人役使，他们就是工奴。这种工奴不但存在于奴隶社会，而且其残余在封建社会中仍长期存在。历代文献中所记载的在手工业生产中使用的刑徒、奴婢，都是工奴；明清时期井盐业和煤矿业中都存在工奴性质的劳动。"陶铁徒"与"铁官徒"。据春秋时期的叔夷钟铭文记载，齐灵公曾于其在位的第十六年（公元前566年）对宠臣叔夷说过这样一句话："余命汝司予莱陶铁徒四千，为汝敌寮。"陶铁徒是从事翻沙冶铁劳作的刑徒，齐灵公命令受封于莱地（今山东省黄县东南）的叔夷为他管理这些人。说明这时齐国国君至少已经有4 000名为他从事奴隶劳动的冶铁匠人。《吴越春秋》卷四记载，干将和妻子莫邪共同作剑时也说，当时在山里从事冶铸劳动的工匠形象是"麻绖蓑服""断发剪爪"，就是说这些工匠劳动时穿着丧家孝子的麻草服装，剪掉发髻，剃成光头。这正是古代工奴的形象，这与关于莱地陶铁徒的钟铭文记载是一致的。

秦汉时期有刑徒执役的规定，他们按军队编制管理，从事戍边屯田、修陵开道、采矿冶铁等繁重劳动。汉代的"铁官徒"就是在铁官监督下从事制铁劳动的刑徒。他们劳动时要剃光头发；有的颈上带着沉重的铁链，有的脚穿6斤（1斤折合0.5千克。下同）重的铁鞋；人死了以后要在尸体上立表，写明死的年月日、原籍、刑名、人名，要陈尸示众，以表示他们是有罪的人，最后用草席卷埋。早期在刑徒上立表多是用木牌，也有的用砖。1907年在河南灵宝县出土了东汉刑役墓志砖260多块，其中，有几块墓砖上的文字还能完整的辨认出来。如有一块砖上的文字是"章和二年二月二日，六安巢，髡钳，陈李，死在此下"。其中，死即尸字。大意是：公元88年阴历二月初二日，原籍六安巢这个地方的被判服"髡钳"的陈李的尸体，在这块墓砖下面。对这些墓砖志，清末教育家、考古专家罗振玉先生和中国历史学专家张政朗先生作了深入的研究，使我们知道这批汉代铁官徒所从事的制铁劳动，就是工奴劳动。

古代社会是等级社会，在士、农、工、商的四民当中，工匠同商人一起排在后面，社会地位在农民之下。在"小不得僭大，贱不得逾贵"的社会中，他们不仅不能作官从政，"滥入仕流"，而且连他们的吃、穿、住、行，养生、送死，也要受到诸多的限制。如不准与士民之家通婚，不准穿丝质衣服乘马坐车出游，不能读书进学等。直到明清时期还有这样的规定，据《明律集解附例》载："凡官民房舍车服器物各有等第，若违式僭用，有官者，杖一百，罢职不叙；无官者，笞五十，罪坐家长，工匠并苔五十”。在这样等级森严的社会环境下，古代工匠日常生活是可想而知的。

先秦时期社会生产力还很低下，当时孟子所极力推崇的“保民而王”的理想社会标准，也只是希望做到使老年人“足以衣帛”和“无足以失肉”。在现实生活中，能衣锦绣、吃美食的，只能是少数统治者，众多的劳动人民包括工匠在内，则是“褐衣葛履，粗食黎羹”，只能做到御寒充饥，保持生存的最低水平。

西周初期是禁止殷民饮酒的，但工匠饮酒，可以“勿庸杀之，始惟教之”，这是给予有技术的工匠的特殊优待。工匠饮酒大概也只有受到赏赐时才有可能，日常生活中是没有可能经常喝酒的。《管子·地数》中已经有“恶食无盐则肿”的记载，为了使工匠们有力量从事体力劳动，当然也要供给盐食。春秋战国时期的民间工业者，一般有自由人的社会身份，从事个体家庭劳动，生活尚可，所以《管子·治国篇》中说：“今为未作奇巧者，一日作而五日食，农民终岁之作，不足以食。”后来司马迁也说当时“用贫求富，农不如工，工不如商，刺绣文不如倚市门”。这样看来，当时民间工匠因为有手艺技术，大多数生活比农民还好些。

先秦时期从事劳动的还有奴隶，其中就包括从事手工业生产的工匠。他们可以被主人当作物品来买卖或互相赠送，当然谈不上有什么生活保障和人身自由。对奴隶的生杀大权掌握在主人手中，受到主人喜欢和重视的工匠还会被当作主人的殉葬品。对此，尽管找不到直接的文献记载和证据，但有一件事可以间接的作出说明。据《汉书·刘向传》记载：秦始皇埋葬时“又多杀宫人，生薶工匠，计以万数”。据传说，当时在地宫内搭台唱戏，突然关闭墓门，将大批未生育的嫔妃宫女及了解地宫机关和密室珍宝的工

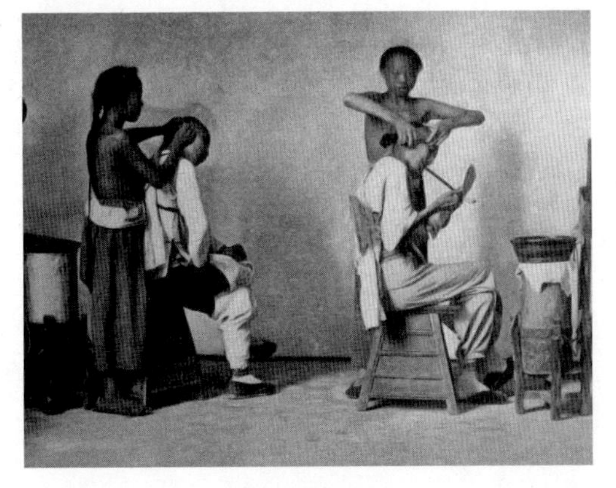

剃头匠（资料图）

匠封闭在地宫内，活活埋杀。秦始皇以活人殉葬的做法，应是先秦传统的继承或发展，在此以前肯定还会有以工奴殉葬的事情发生。

古代工匠的衣服。在古代，绫罗绸缎等高级纺织品，是供少数统治阶级和有钱的人穿用的。汉代就已经有了富者“犬马衣文绣”的说法，就是说有钱的人家，连狗和马都要穿戴好的服饰。可是广大平民百姓，只能“耋老而后衣丝，其余则麻枲而已，故命日布衣（《盐铁论·散不足》）”。一般老百姓到了老年才有资格穿丝质衣服，中年以下的人只能用麻布草鞋之类以避寒暑，所以“布衣”就成为历代平民百姓的代名词。工匠是禁止穿丝质衣服的，甚至只有极少的衣服用作遮羞御寒，平时只能光着身子干活。

《太平御览》卷八二八中还记载有晋代的这样一条特别的命令：“晋令曰：侩卖者，皆当着巾，白贴额，题所侩卖者及姓名，一足着白履，一足着黑履。”这就是要求上市交易的工商业者，为便于接受官吏的监督和管制，要白巾缠头，标写出自己的姓名，还要脚穿两只黑白不同颜色的鞋子，以这种特殊的装束来表示出自己是不同于一般人的下流等级。

到了宋代，城市里各种人穿不同的衣服，已成为约定俗成的习惯。《东京梦华录》卷五记载说：“士农工商，诸行百户，衣装各有本色”，“至于乞丐者，亦有规格，稍似懈怠，众所不容”“谓如香铺裹香人，即顶披肩；质铺掌事，即着皂衫角带不顶帽之类，街市行人便认得是何色目”。可见，市民已经习惯于凭从业者不同衣着，来判认他们的职业了，随便改变沿续已久的习惯穿着，就会为“众所不容”。

古代工匠的饮食。在服役期间和受雇于人的时候，多数情况下工匠饮食是由官府或雇主供给的。独立经营时由自己操持。一般来说是只要能吃饱饭，大家也就满足了。

在河南南阳地区至今还流传着这样一个令人心酸的故事：明代的唐王朱桱在南阳独霸一方，搜刮民财，营造了宏伟的王府和花园。朱桱整日花天酒地，荒淫无度。整个南阳城的财政收入，都不够唐王府的挥霍，朱桱就想出了一个新办法，下令全城百姓将一日三餐改为一日两餐，节省一顿饭的口粮上交王府，弄得百姓苦不堪言。据说当时有一个石匠，整天在王府花园里凿石修桥，每天的两顿饭，也只能吃到两个黑窝窝头。一天傍晚，老石匠从王府干完活回到家里，饥饿难忍，大着胆子到地里挖了一把野菜，回来煮着吃。恰好就在这时候，唐王朱桱在王府花园的假山上，观看日落西山的景致，突然看到城外的一缕炊烟，脸色一沉说："是谁如此大胆，这时候还违令烧火做饭，连人带饭一同拿来，扔进虎笼！"老石匠被带进花园，得知自己死已临头，也就壮着胆子辩解说自己只是煮了一点野菜汤，并没有违命做饭。朱桱亲自揭开锅一看，果然只是一锅野菜汤，都能照见人影。他知道这位老石匠手艺高超，还想让他继续为王府卖力，便说："念你只做了一点汤，没有做饭，免你一死！"从此以后老石匠每晚回到家里，都要煮一点野菜汤喝。别人看到老石匠喝汤不在禁列，也就都做起汤来，富裕些的人家自然要做晚饭吃了。但是为了躲避王府的追查，人们傍晚在街上见面时，都不敢说吃饭，只问喝汤了没有，这种习俗一直沿袭至今。这个传说的故事条件有些特殊，但是所反映的一日两餐，应当说还是代表了古代很多劳动者的饮食状况的。

乾隆年间沈嘉徵在《窑民行》中说，当时景德镇的窑工只能做到"粝食充枯肠，不敢问虀韭"。他们平日都是以粗粮充饥，是吃不上蔬菜等副食品的。一直到清末，四川井盐工人的待遇，还只是每人每月所得粮食80斤，猪肉1斤，菜籽油1斤，小菜钱150文，全月工值总额折合起来只有1 000文到1 500文，除去自己吃饭以外，按最低生活标准计算，也只能再养活1～2人。

古代工匠的住房。工匠是城市里的主要居民群体之一。但是城市工业者向来就被称为"市井小人"，在唐宋以前的坊市制度中，他们还都必须居住在指定的地段。如北魏时洛阳大市共划分为10个里，市东二里住"工巧"市南二里住"妙伎"，市西二里住酿酒户，市北二里住的是作棺椁、车辆的木匠，另外二里为"富人"居住。可见市民是按行业来分开地段居住与经营的。从唐宋时期两次有关城市失火的记载，也可以看出城市工匠多数是同业人员集中居住的。唐代末年京城失火。"烧东市曹门以西十二行，四千余家"；宋代初年东城失火，烧掉官酒坊的房舍180处，"酒工死者三十余"人。从此也可以看出，当时作坊与工匠住室的防火条件是很差的。

在隋唐时期，城市普通居民的住所不但必须建立在指定的地段，而且还严禁向街开门。隋代就有“民间向街开门者，杜之”的规定，隋代执行的更为严格，违制者不但要改过来，还要处以“杖七十”的刑罚。到了宋代突破了坊市制度，工商业者都可以选地而居了，但是下层劳动者还只能是在“其后街或空闲处，团转盖屋，向背聚居（《东京梦华录》卷三）”。他们住的都是矮房和茅屋，类似以后所说的大杂院式的居民住宅，家居一室，萃而群居，虽然少不了有些矛盾，但是便于疾病相扶，患难相救，这是远住的亲人都比不上的。前面已经提及，为加快修建皇家的陵墓，官府采取的措施之一，就是给工匠建筑南向的住室。使之“以就天阳”。可见当时的工匠们能住上向阳的房子，就心满意足了。

宋代范浚所写的《铁工问》中记下他所见到的一个铁匠家庭的生活状况，描绘得比较具体。他说：有一天他远出散步，见到一个铁匠正在打制农具，走近细看其茅舍，破旧不堪，跑风漏雨；屋内除锅灶和睡床之外，四壁皆空，什么家具也没有；铁匠的妻子正在烧柴煮饭，锅内之饭，则是“淡无鹾（盐咸味）醋，特水与苋藿沸相泣也”，铁匠一家的饭食，只有清水煮野菜，连最起码的盐和醋等这些简单的调料都没有；铁匠的孩子正趴在门旁“呜呜然若啼饥”，看样子是饥饿难忍，正在哭闹着向父母要吃食。一家人都是贫彻骨、状如鬼的样子，十分可怜，其状况都出乎作者的想象之外。于是范浚就解囊相助，拿出1 000文钱相赠，铁匠感谢不尽，叩头致谢。铁匠有了本钱，又适应打仗的需要改做兵器，日夜不停地劳动，几年以后就富起来了（《范香溪先生文集》卷二十）。从范浚所记的故事，我们可以看到，铁匠由穷变富是有一种偶然的机遇，但是他原来那种一贫如洗，在死亡线上挣扎，勉强维持生存的生活状况，在当时不会是个别现象。

打铁（塑像）

我国宋代制糖业的一个重大成就，就是开始制造冰糖。据王灼

《糖霜谱》记载说，制冰糖技术的发明人是一个叫邹和尚的道士。他的籍贯、来历无人知道。他的生活情况是：骑白驴上山，“结茅而居”，就是住在茅草搭盖的简单房舍里；所用的“盐米薪菜之属”，都是让那头白色的驴带着购物单和钱票，下山到市区有关店铺家办理，因为人们都熟知邹和尚的为人，依赖他，所以都根据购物单上的物品，按日常价格计算，把东西打点好，挂到驴的鞍子上，运送到山上去。有一天这头白驴损坏了黄姓家种植的庶苗，主人上山来要求赔偿，于是邹和尚就把制冰糖的秘方告诉给黄姓，以为补偿。试制结果，比过去轧蔗制糖利增10倍。自此制冰糖的方法在四川遂宁地区广为流传，造福于人，为富一乡。这个故事有些传奇性质，但我们从中可以看到，在当时身怀绝技、受到众人尊重的邹和尚，其生活水平也只是骑毛驴、住茅屋而已，这应当是当时劳动人民所向往的类似神仙过的日子。

土法制糖

在现实生活中，工匠生活往往更差。如《儒林外史》中所写的南京城里修补乐器的艺人倪老爹，“头戴破毡帽，身穿一件破黑绸直裰，脚下一双烂红鞋，花白胡须，约有六十岁光景”。他本来是读过书的秀才，因家景破落，整天走街串巷，沿门求雇，还是“一日穷似一日”。他生有6个儿子，除死了1个外，其余5个“都因没有的吃用”，先后送给了别人收养。最后自己死了，还是要别人“拿出几十两银子来替他料理后事”。真是到了一贫如洗、死无葬身之地的地步。

古代工匠的婚姻。一般来讲同其他社会下层劳动者大致是一样的。有一些与其职业特点相联系的特色，我们就通过几个工匠的婚姻故事作些介绍。

《诗经》等先秦文献中记载有一对从事纺织的男女青年，通过抱布易丝相识相爱，以后结婚又离异的故事。在春秋时期卫国的都城楚丘（今河南滑县以东）的集市上，有一名叫关复的小伙子，背着母亲织的葛布，主动找卖蚕丝姑娘搭讪起来，作成了以布易丝的第一次交易。通过这次接触，小伙子就爱上了卖蚕丝的姑娘，以后每到集市，关复都要抱些葛布主动与那个姑娘进行交换，有时还多送些布，以取得姑娘的欢心。经过一段接触，卖蚕丝的姑娘觉得关复这小伙子厚道壮实，也打心眼里喜欢上他。在关复积极主动、信誓旦旦地追求下，两人确定了终身，相约海枯石烂不分手、白头偕老共人生。他们先找巫师占卜了生辰八字，又请媒婆出来牵线搭桥，不久便结婚生活在一起。关复原本生活很穷，靠种地和母亲织布来维持生活，娶了卖蚕丝的姑娘，仅陪嫁礼物就带来有足足两大马车，特别是家庭中增加了妻子这样一个劳动能手，三年以后关复的家景就富裕起来。可是，关复从此变得好吃懒作，并摆起了老爷的架子。妻子生过了孩子，又日夜不停地纺丝，还要扶老携幼的操持家务，逐渐面容衰老，于是关复就改变了态度，不再喜欢自己的妻子，而又去另寻新欢。妻子苦口婆心地规劝丈夫，珍爱两人相爱的美好时光，关复都听不进去，一点也不思念旧情，只是一心想要把新结识的姑娘娶到家里来。就在关复重新娶亲的队伍快要进家的时候，原来的爱妻拎着包裹，两眼噙着泪水，十分悲伤地走出了关复家的后门。

在元代开封府飞云渡口亭边住着一个剃头匠，辛勤劳作，心地善良，收入虽然微薄，但是一个人吃饱了饭也还有些剩余。只因为从事了这种“下贱”行业，被人看不起，再加上长得差一些，所以到老年还不曾娶过妻室，自己也无心再去张罗，就想孤此一身的生活下去。有一个富人家的婢女，性情刚烈，主人要调戏他，宁死不从，为了表示对婢女的惩罚，主人便把她嫁给这个剃头匠。剃头匠虽然又老又丑，但心地善良，婢女也就与他在一起生活下来。一次剃头匠摆渡过河，翻了船，葬身鱼腹，婢女只好坐守空房，一个人生活（参见陶宗仪《南村辍耕录》卷八《飞云渡》）。

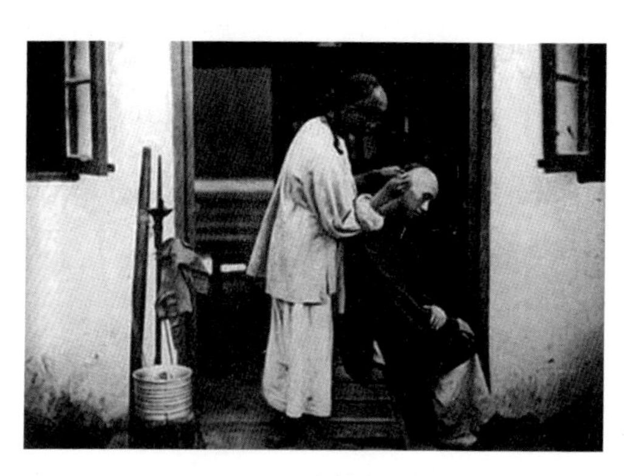

采耳（资料图）

清代末年，广州有兄弟二人，都是有名的鞋匠。哥哥李大年身体如武松一般的魁梧，弟弟李二年五短身材，像武大郎一样，长得只有六七岁儿童一般高。李大年已经有了家室。李二年到30岁了还没娶到妻子，自惭形秽，从不愿意同别人说话，一天只知道低头做活。哥哥见弟弟整日郁郁寡欢，沉默不语，很了解弟弟的心思，决定拿出积蓄，张罗着为弟弟娶个妻子。可是遍托月老，也没有说成一门亲事。兄弟俩人经过几度商议，决定降低条件，在大户人家的婢女中寻找对象。真是有缘千里来相会，无缘对面不相识。就在离家不远的龙尾道上有一家张的大户人家，家里正好有一个与李二年高矮差不多的婢女，比李二年小10岁，早年因父母双亡，狠心的叔叔把她卖到张家当婢女，主人给她取名叫环儿。环儿干活勤快，手脚麻利，身材粗矮但眉目还算周正，如今卖身的契期早就满了，等待出去嫁个人家安身，也是因为身材矮小，一直没有找到人家。所以李二年与环儿一经人说合，很快就定了这门亲事（参见吴友如《点石斋画报·革集·双矮巧合》）。

鞋匠（资料图）

清末广东顺德有一个姓王的纺织女工，丰姿绰约，容貌出众，20岁了还没有许配人家，上门求亲者不断，都被她婉言谢绝，原来王女已经悄悄地爱上了摆地摊卖红豆的陈二。王女每日去工场作工，路过陈二的地摊时总要买一些红豆吃，时间长了两人产生了爱情，只因为陈二家穷，没有钱办喜事，所以兄弟二人都还没有结婚。王女有一次向姐妹们说起自己的心事，大家就劝她去买彩票碰碰运气，于是王女就拿出半块洋元托人买来一串彩票。等到开彩时，其中果然有一张中了头彩，一下子就得到了300元彩金，真是喜出望外。王女暗地里把这300元彩金交给了陈二，陈

织布

二先用100元为哥哥办了婚事，再把余下的200元送到王家作为聘礼，王女和陈二顺顺当当地办了结婚手续，组成了家庭，两人相亲相爱生活很是美满。

清末河南彰德县有一个石匠，家中有11个女儿，有10个都就近在山里山外许配了人家，只有小女儿十一娘粗通文墨，心比天高，总想找个城里的人过上好日子，于是只身来到彰德县城做绣花买卖。一天，在十一娘客居房间的隔壁住下了一个小伙子名叫陆心香，摆摊作精致石料买卖，懂诗书，人也长得标致，一看便知道不是一般人家的子弟。原来陆家几代人都在苏州做宝石生意，到他这一代家道败落，父母又都病故，陆心香关了宝石店，出来投靠亲友，亲友不在，只得自己到处闯荡，这才在彰德城里租房住下，做起摆地摊的买卖。十一娘对陆心香的一举一动都看到眼里，心里喜欢上了这个小伙子，每天晚上回到客店都主动到陆心香的房中说话，利用自己懂得石料的家传知识，帮助陆出主意，操持生意，时间一长两人就成为一家（参见王韬《遁窟谰言·钟馗画像》）。

以上5个故事，反映了古代工匠婚姻的一般情况。从中我们看出古代工匠婚姻的一些特点：第一，因为工匠社会地位低，所以只能在下层社会寻找配偶，开封的剃头匠和广州的李二年都是娶婢女为妻；第二，同类相求，工商之间互相通婚，织布之家的关复同纺丝姑娘结婚，石匠女儿十一娘与卖石料的摊主陆心香的结合，都是如此；第三，因为职业关系，交往多，婚姻相对来说更自由一些，如广东顺德的纺织女工，多次谢绝求婚者，终与自己喜欢的心上人卖红豆的陈二结为秦晋之好，十一娘与陆心香的结合也是如此。

第四节 | 古代工匠的纳税种类

古代工匠作为从事手工业品制造的手艺人，对国家承担的义务主要是以力役形式来体现的徭役，但是也有租税负担。长期在官服役的工匠不纳税，超期服役的可以减免，为自己生产时则必须交税。

一、田租税

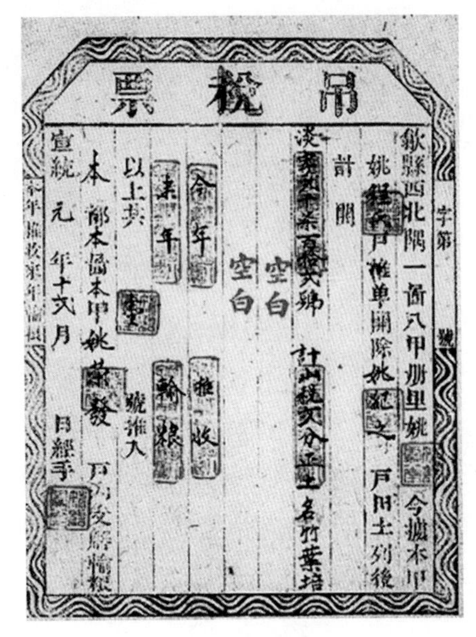
吊税票
歙縣西北隅一啚八甲册里姚
今據本甲
戸田土列後
計開
空白
空白
以上共
本都本啚本甲姚
宣統元年十弍月
日經手

税票（资料图）

计田征税称为田租，按户征税称为户调，这是曹魏时期税制政策的新措施，主要征收对象是农民。但因为中国古代自给自足的社会结构特点，民间工匠多数也有田，因此租调制的征收对象也包括民间工匠。《通典》卷六中有一段关于唐代轮番匠征役的记载说：“诸丁匠岁役工二十日，有闰之年加二日，须留役者满十五日免调。三十日租调俱免，通正役不过五十日。”就是说轮番匠，规定的役期已满，如果还需要他超期服役的话，那么超过15天者免交户税，越过30天者田租与户税全免。《元史·食货志》中也有一段记载说：“丁税少而地税多者，纳地税；地税少而丁税多者纳丁税。工匠僧道验地，官吏商贾验地”。从这里可见古代民间工匠是有租调负担的。按曹魏时期的税制规定：田租每亩每年要纳粮4升，户调每年每户要交绢2匹、棉2斤。在中国历史上曹魏以实行按田和按人口征收的税制，曹魏以后赋税虽多有变化，但田租和人头税总是整个税制的基础，征收对象也都包括民间工匠。

二、产品税

现存古代文献中提到的产品税主要有三类，即盐税、酒税及矿冶税。

1. 盐税

南宋总领四川财赋的赵开推行过变盐法以征收盐的附加税，其中有一项就是要求盐户按定额煮盐并交土产税。明代对盐户管制更严，规定生产定额，定额之内的盐称为正盐，正盐交官每400斤付给工本米一石。这实际是按规定的定额产量收实物税。清代盐税中有灶课一项，就是对盐的生产者收税，有按人头收的灶丁税，对晒盐的盐滩还按亩收土地税。

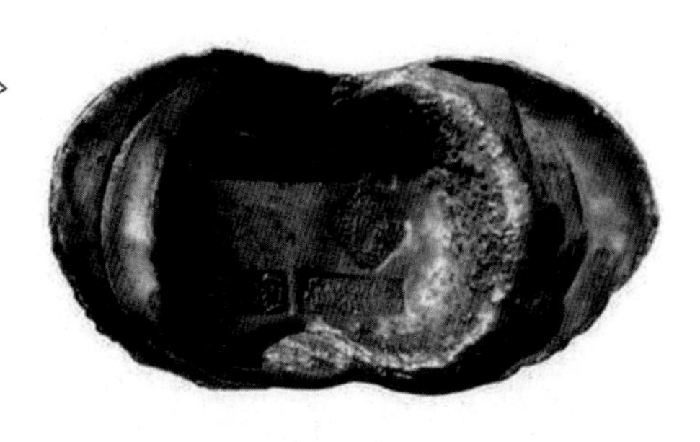
元宝（资料图）

2. 酒税

唐代就有榷曲的记载，就是对造酒的原料酒曲征税。南宋建炎三年（1129年）赵升在四川推行过变酒法，即罢除原来官制官卖的方法，设官槽400所，叫百姓带来前往官槽自己酿造，每户收钱52文。初行时还与民无害，后来有的主持官槽的官吏便强令百姓酿造，给百姓规定定额，不问是否来酿造，强征酿造钱。明代是按酒曲征收制酒税，每10块酒曲收税钞、牙钱税、塌房钞各340文，或按曲量征收2%的产品税。

3. 矿冶税

王莽代汉以后，为了增加国库收入，下令对矿产等重要物资严加管理，其中就有“诸采取名山大泽众物者税之”（《汉书·王莽传》）。唐宋时期征收过矿产品税。明代对金银矿实行包税制，即规定出某大矿场一年应交纳的总额，由承办人交纳。对铁矿明代叫民众自由开采，国家从30份中取两份作为税收。清代矿税在雍正以后多数按1/5征收。

三、杂税

尽管历代税收都有正式规定，但从中央到地方又都有因临时所需而加征杂税的现象，再加上征税过程中的“陋规”无处不有，无时不有，随意而征的事情也常常发生。如汉武帝对外用兵，军费开支很大，为补国库的不足，就于元狩四年（公元前119年）冬“初算缗钱”。缗为丝绳，用以贯钱，一千钱为一贯，缗钱税就是把财产折合成贯，按贯收税。主要征收对象是商人，也包括手工业者，规定对商人按6%征收，对手工业者按3%征收。

宋代为补充军需临时摊征过“经制钱”，是以主管军需供应的经制史的官名命名的地方附加税。征收的“板账钱”是东南诸路港口供军用的罚款。此外还有无固定定额、无固定征收对象的各种杂税，甚至诉讼不胜时征“罚钱”，胜了又要拿“欢喜钱”。当时人称“古者刻剥之法，本朝皆备”(《朱子类语·论兵篇》)。

古代铜钱

明代工部为筹集官用船的营缮费设有“工关税”，以征泰山碧霞元君祠香钱为名，在京城九门征收“通过税”，还有“过坝税”“脚抽”“斛抽”等杂税，私增口岸，滥设税房的事也时有发生。所有这些征税项目的征收对象，主要是工商业者，有些税虽然数额甚微，但对工商业者中的下层群众即民间工匠和小商小贩，仍然是沉重的负担。正如清代许承宣在《赋差关税四弊疏》中所说一样，当时的平民百姓“不苦于赋，而苦于赋外之赋，不苦于差，而苦于差外之差”。

唐宋以后政府所用的手工业品，有时到民间采买，也叫做“和买”，实行起来以后弊病百出。有的官吏不顾百姓有无，强行摊派，元代统治者向民间买马匹或布匹时，就往往“不随其所有，而强取其所无”，迫使百姓不得不“多方寻买，以供官耳”。有的少给钱公开进行不等价交换，如市价1匹布一千文，官府和买时有的只给400文，有的在和买时，还要勒索手续费，名叫“市例钱”“头子钱”“朱墨钱”等；有时官府派人取东西时说要付钱，实际上“分文价钞并不支给”。宋代向工商业者征收一种“免行钱”，就是指的交了钱可以免除承担和买的义务。可见官府的和买也已经成为工匠一项负担。

第五节 | 古代工匠的文化生活

对古代工匠的文化学习和修养，文献上记载较少，但是不等于他们没有自己的文化生活。他们没有机会专门学习文化，有些人就在工余时间读书自学；更多的是在劳动中学习，提高自己的技术水平与艺术欣赏、鉴别能力。如制瓷业中的染匠与画师，到清代已经是“画者止学画而不学染，染者止学染而不学画……画者染者，各分类聚住一室，以成其一阵之功。”（《道光浮梁县志》）当时瓷器制造的“洋彩”画法，就是吸取洋画的优点，发展国画原有技术而形成的。再如雕版印刷业的刻工，据李国庆同志在《中国的雕版良工在日本》一文中统计，有名可考的中国刻工就达13 000多人，其中有些人还到日本、朝鲜等国外传技谋生，在现存日版汉籍中留有姓名的刻工就有60多人。还有瓦匠打夯时唱的夯歌，一般在盖房前夯打地基时的由夯头领唱，众夫合夯。夯词多是一些吉利的话，如“一步土，两步土，步步登高卿相府；打好夯，盖好房，房房具出状元郎”。以此取得雇主的高兴。在老北京夯歌还有成本大套的歌词，如有《王小赶车》《马寡妇开店》《二十四孝》《八扇屏》《三国志》《红楼梦》等，这大套歌词都有夯头单唱，众人合夯，近代著名评书演员广杰明的副业便是作领夯的夯头。唱时先一节音低，次一节音高，往复生歌唱。如《二十四孝》第一节：“五字加个人就是伍，伍子胥过昭关替父报仇——（合夯）夯来，夯来，分来。”第二节：“五字加个人还是伍，伍子胥鞭尸替父报仇——（合夯）。”第三节：“一字加个钩就是丁，丁香割肉孝顺母亲——（合夯）。”如此反复歌唱，也是很有趣味的。此外还有壁画艺术和雕塑艺术中的匠人，众多工艺品的设计制造者，历代的抄书匠等，其中有不少人达到专业艺术家的水平。只是由于古代工匠社会地位低下，文人墨客们不屑于为他们立传，工匠自己又没有著书立说的条件与能力，这就使后人很少知道古代工匠文化创作与活动的详细情况，只有凭遗留的文物来欣赏他们的文化创造成果。

打夯（资料图）

古代工匠的文化生活，主要是在当地参加各阶层人民共同的各种文化活动。如节庆日的欢庆活动，红白大事中的吹奏表演，各种民间曲艺、戏剧、武术、杂技表演，赶庙会及敬神赛事活动等。在这些活动中，工匠们为了在社会上树立自己的形象，显示力量，往往以行会为单位组团参加表演和赛事。早在宋代就已经有行会参加敬神赛事活动的记载，每当有关的神祭祀日来临时，各行会都争相陈设本行的物品来祭献，以为本行的前途祈福。《梦粱录·社会》中说："每遇神圣诞日，诸行市户俱有社会，迎献不一。如府第内官以马为社，七宝行献七宝玩具为社……青果行献时为社……鱼儿活行以异样龟鱼呈献。"每年"三月十二日乃东岳天齐仁圣帝圣诞之日……诸行铺户以异果名花精巧面食呈献"。有时人们为争烧头炉者，要"在庙上宿，夜半起以争先"。

武术（资料图）

有游行赛会的时候，各行会更是积极组织，踊跃参加，希望为本社争得荣誉，以壮声势。如宋代每年清明前是各酒店开煮的日期，例行要举行官库卖酒的宣传活动，"至期侵晨，各库排列整肃，前往州府教场俟候点呈。首以三丈余高白布，写某库选到有名高手酒匠，酿造一色上等浓辣无比高酒……以大长竹挂起，三五人扶之而行；次以大鼓及乐官数辈；后以所呈样酒数担；次八仙道人，诸行社队……行首各雇赁银鞍闹妆马匹，借倩宅院及诸司人家虞侯押番及唤集闲仆浪子，引马随逐。"（《梦粱录》卷二）这是陆上赛会。宋代还有水上赛会，"又有虎头船十只，上有一锦衣人，执小旗，立船头上，余皆着青短衣，长顶头巾，齐舞棹，乃百姓卸在行人也"（《东京梦华录》卷七），其场面异常热闹而壮观，到时候连皇帝都要驾临观看。

遇到节日，各行会便积极组织参加共同的娱乐活动，以联络感情。如宋代每年正月十六日，"诸坊巷马行，诸香药铺席茶坊酒肆，灯烛各出新奇。"清代四川自贡城隍庙龙灯会期间，人们都会看到华祝会的盐工们，用挑卤时围下身用的帕，扎成长龙，在市中游行，场面颇为壮观。

古代游戏（资料图）

古代文献上也有工匠参加民间体育活动的记载，宋人吴曾在《能改斋漫录·伍生遇王通神》中就记有一个叫伍十八的裁缝，善作纱帽，到汴梁谋生，有一天在保康门与一些少年蹋球，“少年见伍生颇妙，相与酬酢不已”。

有的工匠爱好读书作诗。《魏书·刘芬传》中说，刘芬聪明过人，发奋读书，白天为人抄书挣钱养家糊口，晚上刻苦读书，可以终夜不眠，他擅长书法，写的字受到当时人们一致的称赞。唐代《卢代杂说》中记有一个织绫锦的工匠，姓李，原为东都洛阳官锦房的官匠，以后来到都城长安“以薄技投本行”。因为都说当日长安流行的花样品种与过去洛阳的不一样，所以他只有“且东归去”。在回洛阳的路上顺口朗诵了一首诗：“学织缭绫工未多，乱投机杼错抛梭。莫教官锦行家见，把此文章笑杀他。”读书人听了都感到惊讶，以为他是在背诵白居易的诗。

清代吴敬梓的《儒林外史》主要是写明清时期读书人生活情景，在最后一章专门写了下层社会中自食其力的四个市井“奇人”：一个是写字的，一个是卖火纸筒的，一个是开茶馆的，一个是做裁缝的。现摘录描写最后这名裁缝的原文中的一段，以见当时工匠文化生活是个什么样子。

一个是做裁缝的。这个人姓荆，名元，五十多岁，在三山街开着一个裁缝铺。每日替人家做了生活，余下来工夫就弹琴写字，也极喜欢做诗。朋友们和他相与时问他道：“你既要做雅人，为什么还要做你这贵行？何不同学校里人相与相与？”他道：“我也不是要做雅

缝纫工

人，也只为性情相近，故此时常学学。至于我们这个贱行，是祖父遗留下来的，难道读书识字，做了裁缝就玷污了不成？况且那些学校中的朋友，他们另有一番见识，怎肯和我们相与？而今每日寻得六七分银子，吃了饭，要弹琴，要写字，诸事都由得我；又不贪图人的富贵，又不伺候人的颜色，天不收，地不管，倒不快活？”

吴敬梓笔下的这个工匠文化生活，是经过文学加工的，但也不能否认，古代下层劳动群众，只要生活条件许可，还是有属于自己的文化生活的。

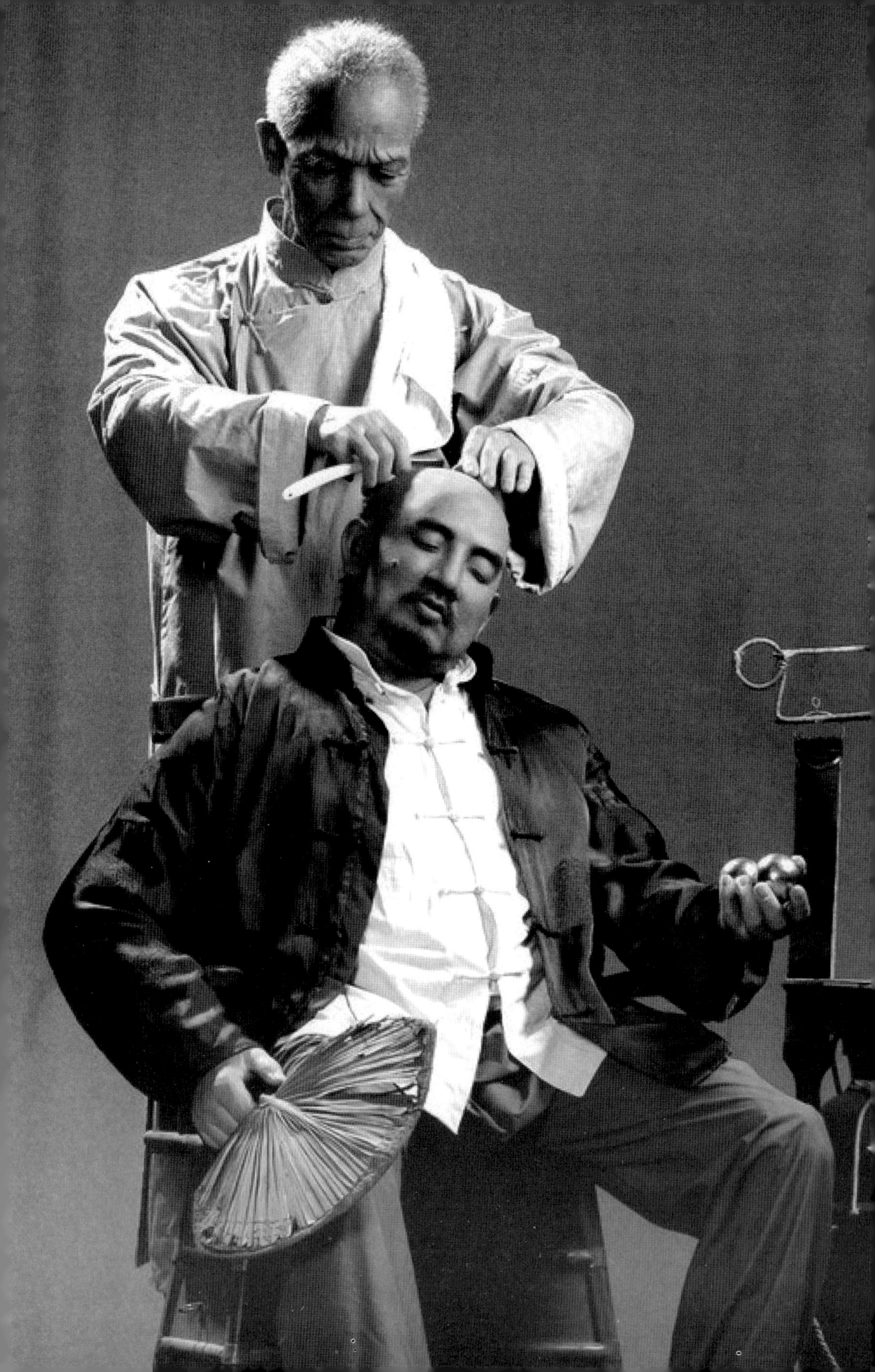

工匠行业篇

第二章
CHAPTER 2

第一节 | 剃头匠

剃头是一门古老而传统的手艺，剃头艺人被称为剃头匠，现称理发师、美发师等。多少年来，他一直是人们生活中不可或缺的一部分，上至国王大臣，下到黎民百姓，人从生后满月到百老归西，都要与剃头匠打上几百次交道，不论是城市的大街小巷，还是农村的庄前村尾，无不留下剃头匠的身影。难怪有人说：他虽是毛发技艺，却是顶上功夫。

剃头匠（雕像）

剃头历史悠久，传说我国从伏羲时就已开始椎髻，不再散发。旧时做官须面试，对仪表形象极其注重，发式也很有讲究，但那时不过是“理发”而已。真正意义上的“剃头”，源自清代。当清王朝入关之后，清代摄政王多尔衮下“削发”令，留发不留头，留头不留发，那时无论是江南学子，还是北京的遗臣，凡男人脑壳以百会穴为界，前头的头发剃得精光，后头的头发蓄起，编成一根辫子。

据史料记载，顺治二年七月（1645年8月），清政府再次下令全国在十日内一律剃头梳辫，违抗或逃避者杀无赦！

清朝统治者强迫汉人依从满族剃发习俗，曾在各个大城市城门外搭建席棚，勒令过往行人入内剃头，违者斩首，这便是所谓“留头不留发，留发不留头”。剃头匠就是在这种高压环境下产生的。辛亥革命以后，人们的头上没了辫子，称之为“剪头”或“推头”。直到新中国成立,“理发”一词才时兴起来。而今时代变了，剃头改叫“美发”了，剃头匠也便称为美发师。

剃头摊子（资料图）

俗话说：剃头挑子一头热。在过去，剃头匠虽是手艺人，但全部家当也只有几把剃刀、两把推子、一把椅子，为方便流动，又配备了剃头挑，一头是造型古怪且百行唯一的标志性木柜子，并装有抽屉，内放推剪、剪刀、篦子、梳子、剃刀、刷子、胡刷、香皂等。椅背架旁边挂一条荡刀布，剃刀钝了，随时蹭一蹭。另一头则是一个特制的脸盆架，上面放着一个很旧的铜脸盆，脸盆边上搭着一条破旧的毛巾。脸盆下是土炉子、黑炭、火钳。虽然家当简陋，即具备十六般技艺，即梳（发）、编（辫）、剃（头）、刮（脸）、捏、捶、拿、搿、按（摩)，掏（耳）、剪（鼻毛）、接（骨）、活（血）、舒（筋）等，最基本的要求就是剃头、梳头、刮脸。此外，还要学掏耳朵、剪鼻毛、修整胡须、敲打脊椎以及头、面、颈肩部的按摩。

端打推拿是过去剃头匠的绝活之一。不论你是因为睡觉落枕而颈痛，感冒头痛或是因劳累而腰腿疼痛，经剃头匠的端拿之后，都会异常舒服甚至霍然而愈。所以，清朝的剃头匠被称为不诊脉、不开处方的郎中。他们只在穴位和疼痛处敲、拍、揉、搓、推、拿、端，就很有疗效。特别是端腰杆，让顾客坐在凳子上，剃头匠站在顾客身后，双手挟着顾客的两腋左右摇摆，然后，左膝顶着顾客的臀部，猛劲向上一提，同时大喝一声“嗨！”顾客猛地一惊，腰部“嚓”的一声，顿时周身出汗，四体舒服。治颈项落枕时，他们让顾客坐在凳子上，提肩、揉大椎穴、推松臂筋，然后，剃头匠左手托着顾客的下巴，右手托着顾客的后脑，将顾客的头左右轻摇几下，猛然用劲把头往上一提，“嚓”的一声响后，顾客就顿感脑袋转动自如了。

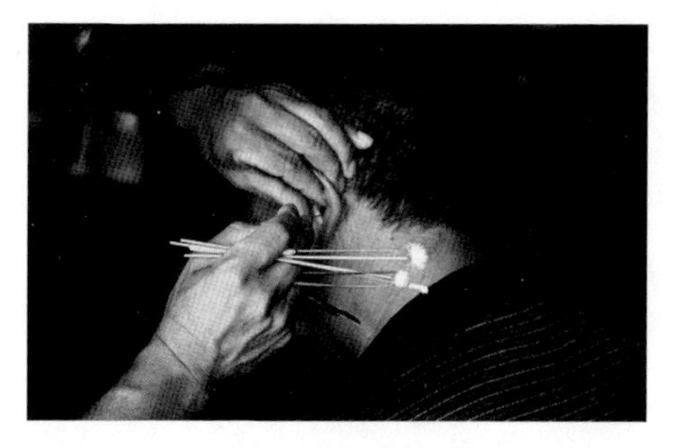
挖耳（资料图）

他们挖耳的绝活，更是玄妙。在一个竹筒里装着各式竹柄挖耳工具、大小鹅绒毛扫、铜丝弹条、绞耳毛小刀、小铜起子、夹子等。挖耳的时候，先用绞耳毛小刀绞去耳孔内的汗毛，然后用挖耳撬条撬开"耳屎"，再用小夹子夹出，用起子起松薄皮夹出，用铜丝勾条在耳里反复来回勾磨，磨得耳里"嗡嗡"作响，最后，用绒扫扫净，顾客顿感全身舒服。有的顾客竟在挖耳中进入睡眠状态，真是安逸。

在古代，剃头虽是日常生活中的一件平常事，但也是有一定讲究的，更不是天天都能剃头，还得讲究时辰，根据老黄历，理发与开市、交易、挂匾、开光、出行、入宅、移徙、安床、上梁、支灶、行丧、乘船、嫁娶、安葬等日常琐事类似，是一件须阴阳协调、听天由命、风水至上的活儿。

民间还流传着正月不能剃头，五月叫"恶五月"，同样不剃头，手艺人一年有两个月不能干活，也算够苦的了，如果赶上国丧，百日内禁剃发，又除去三个月。真应了相声里所说的，索性转行算了。不过，一年之中也有生意特好的时候，那就是农历二月初二，叫龙抬头，这一天讲究"剃龙头"，尤其给孩子剃龙头，更是寓意着长大成人龙腾虎跃、金榜题名有出息。给新生小儿剃胎发，是比较隆重的事情，当然也是剃头匠的"拿彩"时。

旧时，请剃头匠剃胎发，是一件很隆重的事情，因为孩子太小，剃头匠要一边剃一边哄着孩子不要乱动，很费劲。剃完了胎发，剃头匠还要恭维顾客几句吉利话："剃去胎发，越剃越发，人财两旺，金玉满堂"。因为这是给孩子第一次剃发，有洗礼的意思，富贵人家给个

刮脸

三五块大洋也不在乎。直到今天，给新生小儿剃胎发（满月剃头）还是那么受重视，除了选好吉祥喜庆的日子外，加倍的费用自然不在话下，喜钱红包更是少不了，剃下来的胎毛还要由专业人士做胎笔，作永久收藏，费用当然不菲，有的地方还有请亲友喝剃胎发酒的习俗。

新中国刚成立时，农村剃头主家多以鸡蛋、玉米、豆子等物抵酬；20世纪60—70年代，开始计工分，每天收工后要到大队会计那里登记剃头的人数与姓名，按工分取粮；80年代就包村包年了，叫“剃庄头”，一村一户的挨家剃头，每月转一次，年底结算工钱；90年代中期，剃头也与市场经济接轨，剃一次头给五毛或一块，现在已涨到五块钱，与城里相差无几。

笔者儿时在江苏农村，那时很怕剃头，听到剃头匠来了，趁着外婆不留神一溜烟得逃跑出去，外婆、舅舅大呼小叫半天，方才磨磨蹭蹭回家，强忍泪水让剃头匠斩首般剃头，生怕剃头师傅一不小心把耳朵割下来。如今，几十年过去，剃头剪子“喀嚓、喀嚓”的声音，仿佛还在耳边回响；钝推子夹着了头发，头皮还感到隐隐作疼。那个年代，人们的发式如同绿军装般单一，老年人剃“和尚头”，年轻点的剃“高平顶”，妇女都理刘胡兰式的“运动头”，孩子们则从耳朵向下把头发剃光，剪成“马桶盖”式，有的则剃成“锄头”式。

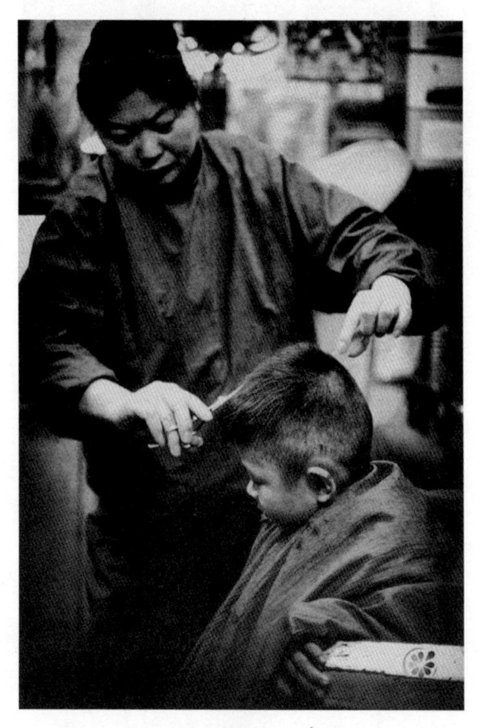

剪发

现在，剃头挑子没有了，剃头匠必备的十六般技艺懂得人也不多了。最基本的技术刮脸，掏耳朵，剪鼻毛，修整胡须，敲打脊椎以及头、面、颈肩部的按摩更是早已失传。过去，上年纪的老人，剃完头再把热烘烘的毛巾往脸上一焐，蘸了肥皂沫的胡刷，在脸上除眼睛、鼻子和嘴的部位细细地涂了一遍。锋利的剃刀在面颊、下巴、脖颈、耳廓、眼眶游走一番，胡须汗毛一扫而光。还要为客人掏耳朵、剪鼻毛，凭的是眼神，借的是心细，靠的是经验。技术娴熟的柔和动作，轻重适度，给客人以惬意与舒坦。

而今，剃头早已不是过去单一的剃、剪那么简单了，而是焗油、染烫、拉直、修面、美甲、纹眉、洗头、面磨等各种五花八门的项目。剃刀也没有了用武之地。人们追求健康、时尚、休闲、愉悦的生活方式，早已提升至美发、美容、护理、保健的层次。令人眼花缭乱的电动美容美发器械，逐渐取代原始落后的手动剃头工具。

荡刀

随着时代的发展，传统的剃头手艺离我们的生活渐行渐远，但镌刻着文化与生活印记的这门手艺，总会让我们在前行的道路上一再回眸，不能释怀。

第二节 | 铁　匠

铁匠，俗称“红炉匠”“打铁的”等，烧炼待打铁器的炉子，民间称“铁匠炉”或“匠炉”。行业内称之为“红炉”或“点金炉”，隐语叫“弄红”。

红炉、风箱、铁砧、铁锤、铁钳、鸡嘴錾、鸭嘴錾等是铁匠的全部设备，也叫所有家当。

匠炉的炉台约有半人高，左边是风箱，右边是炉膛，上有烟囱高出屋顶，均以砖、泥砌置。烟囱的粗大形状不同于家庭锅灶的烟囱，使人们在远处一望便知：这里有铁匠铺。砌置炉灶和砌置锅灶一样，民间不叫砌而叫“支”；含有“支撑门户、创家立业”的寓意，故有俗语：“锅灶一支称一户，红炉一支就算铁匠铺”。故砌炉叫“支炉”、砌锅叫“支锅”。铁匠们对支炉时的位置也十分讲究，即忌讳支在铺内“下首”。

打铁

所谓“下首”，即指屋门右前方或屋内右后方，就是说支炉必须支在“上首”。而铁匠为何要把匠炉支在上首呢，这与地方民俗和行规有关，据了解，江苏、安徽、山东等地大都有此古老的习俗和社会传承，传说是炫耀“天下第一匠”。因为铁匠的祖师爷是“天上神仙李老君”，在其他所有匠人祖师爷中的“神位最高”，故铁匠们自称本行业是“天下第一匠”等，说明在古代行业中尊师敬业的一种文化传承。

铁匠上炉操作一般是三人一组，称为“铁三锤”，师傅左手拿火钳，右手握小锤，被称为“带路锤”，也叫指挥锤和“使小锤的”。第二个人称为“第二锤”，也叫“打下锤”的，或叫“拿大锤的”，多由助手或具有一定经验、快满师的大徒弟充当。第三人被称为“打帮锤的”，或叫“使三锤”和“拉风箱的”，多由刚学艺不久的小徒弟充当。这个打帮锤的人最苦，既要拉好风箱，加满炭，保证炉火旺，又要忙里抽空打好“第三锤”。

铁匠炉

铁匠有一个很严的行规，那就是“开工上炉不呼喊”。铁匠上炉操作互不言语，谁违背则属犯忌。如果开炉时人员参差不齐少一人手时，用小铁锤在铁砧的尾巴上（俗称砧手）连敲几下，发出清脆的响声，相当于小学校的钟声，伙伴听到后就会自动跑来。这个习俗叫“开砧聚人”。

为何在炉前不能呼喊呢？据说炉前呼喊会“惊祖”，同时寓意“散伙”。因为位于上首的匠炉，是祖师爷李老君的象征，开砧叫人则寓意是祖师爷在“叫人”，而铁匠本人呼喊，只能代表自己，其权威性降低。

铁三锤

“打铁过程不叫人”，三人“小组”俗称铁三锤，也有叫“哑叭锤”。操作时分工明确，各干各的事，师傅一般不呼唤徒弟，徒弟也不问这问那。有民谣说：

铁三锤、哑叭锤，
不声不响自领会。
打铁全凭心和眼，
多嘴多舌学不会。

打铁时，主锤手握小锤，小锤扁平，呈直角梯形状，很轻，主锤打铁时不用很大力，主要是用来掌握方向和力度的，指挥着副锤打，小锤点到哪里，副锤就砸到哪里，小锤示意用力副锤就用力，小锤示意轻砸，副锤就轻砸，起个“点到为止”的作用。到了最后的细活就由主锤来完成了。副锤是抡大锤的，大锤很重，备有两三把，轻一点的大锤10来斤，最重的大锤要有20多斤重，越重的锤把越细，而且还很柔软，一般人使用不了，必须是很熟练的人才能用得了，主要是个巧劲，是用来砸大件和硬件的。副锤是看着小锤起落的幅度和要砸的地方分轻重缓急来砸的，该使用什么锤，副锤就换什么锤，叫砸哪里就砸哪里，而且是准确无误。主副锤配合得非常默契，副锤经常累得汗流浃背。打好的锄镰镢锨等有刃的铁器，如果刃不齐，就要用切刀切一切，然后再烧打出刃来。这时候还要再放到炉子里烧红，拿出来趁热浸入凉水中猛激，使其急速冷却，这叫淬火，目的是增加它的硬度和强度。不需要切的铁器打好后直接淬火就行了。

“世上三行苦，撑船打铁磨豆腐。”一句俗话道出了打铁这个行业的艰辛。打铁是苦力活，既脏又累，赚钱也不多，无论春夏秋冬，都要站在火炉边干活，特别是夏天，在火炉边挥舞铁锤，实在是酷热难耐，而打铁时也免不了被火星溅着，被铁烫着。

当铁匠遇到船户来购买铁器时，除价钱公道外，双方还要客气一番，互相谦让，问寒问暖，说是因为“苦人遇苦人”。还有一说，铁匠对待石匠也是与众不同。据说铁匠最早发明、锻制这铁砧子时，有石匠的股份，其铁砧的尾巴是属于石匠的。传说铁匠最早使用的是石砧，而石砧又是石匠赠送的。后来发展为铁砧时，是石匠为其设计了熟铁尾、生铁身的结构。另外、铁匠、木匠、石匠三匠最早不分行，是一个师傅，其工具不分你我，后来分了行，师傅为他们分工具时，铁匠比石匠多一点，师傅就说铁砧的尾把有老三（石匠）的一个股子，若对老三不好好照顾时，他可随时向你们索要股份钱。另外还有一种说法是：天下先有石匠后有铁匠，石匠是铁匠的老师。也叫先来为师，后来为徒。以此习俗，加固了匠人之间的协作与友谊。

铁匠这一行在我国是开行最早、分布最广、数量最多的行业之一，但在众多的行业之间，一些不为人知的行规与忌讳，要数铁匠这行最多。什么同行间制作的铁器成品，不经对方或自己的师傅许可，不能随便拿过来用手摸试察看和研究，否则，即属犯忌；什么忌讳自己门下的徒弟不得私看他人产品。平时，铁匠只能拿着自己的产品，主动请求同一师傅门下的师傅指教，他们有何道理呢？据调查：

（1）主要是维护本门威信。铁匠历来讲究“独师传艺”，虽属同一祖师，但他们注重“一门一特色”。同行间既尊重对方技艺，又注意本门技艺威信。若是本门徒弟私看别人产品，易被别人的匠艺水平所吸

铁匠

引，影响师傅在徒弟中的威信。这叫“胖归胖、瘦归瘦，各师傅各传授”。

（2）预防偷艺和冒名。忌讳别人私看自己的产品，是预防外门道的同行偷学本门手艺或盗取名气。有的铁匠各徒弟打制的铁器质量好，其门徒的匠艺水平相对高超，名气经久不衰，例如杭州的“张小泉”剪刀等，在技术上的保密程度是可想而知的。

此外，产品上的重要标志是老师的火印名章（有铁匠几十年一直沿用老师名章），产品若让外门同行私看，易被品德差的铁匠模仿盗制。

铁匠在我国众多的行业中，除了习俗、行规、暗语以及神秘、迷信色彩等多于其它行业，还有一个特点就是要将自己或师傅的名号打制在自己的产品上，而木匠、石匠、漆匠、瓦匠等却没有此习惯，当然，这一特点也反应了我国的创造名牌产品的理念由来已久，为促进产品质量，提高匠人荣誉心创造了条件。

今天，随着科学技术的发展，铁匠这一古老而神奇的行业，历经几千年，见证了我国从春秋战国以来铁的发明与创造，给社会发展所带来的变革以及手工匠人的艰辛历程与对社会所作出的贡献。现在他虽已离我们渐行渐远，将从人们的视线中消失，但他们那种敬业精神和行业守则将永远留给我们更多的思考与探寻。

第三节 | 踹　匠

踹匠，工匠名，又称“砑匠”。是旧时对棉布、布帛、皮革等进行整理，使之紧实而光亮的工匠。踹布作坊称踹布坊。踹，踩踏之意。在棉布印染过程中，为了防止棉布缩水起皱，使布面平整光滑，就要由踹匠进行“踹布”。

踹布最早是由染坊兼营，清康熙中叶以后逐步分离出来，有了独立的踹房。据清雍正《朱批论旨》记载：雍正八年（1730年）七月二十五日，当时浙江总督李卫的奏折说：苏州有踹匠包头“置备菱角样式巨石、木滚、家伙、房屋，招集踹匠居住，垫发柴米银钱，向客店领布发碾，每匹工价银一分一厘三毫，皆系各匠所得，按名逐月给包头银三钱六分，以偿房租家伙之费”。另据李卫说，当时苏州有包头三百四十余名，设踹房四百五十余处，每房顾用踹匠数十人不等，总计有踹石一万九千余块，踹匠近万人。直到民国时期，仅苏州潘万顺一家就有染缸三十余只，踹布工具十三套，顾工几十人。说明当时踹匠的繁忙。

踹布

踹布坊的主要设备叫“元宝石”，又叫踩布石，扇布石、砑光石、踹布石、飞雁石等。是古代整布作坊用于碾整染布成品的专用工具，各地大小不一，但形状相近，小者五六百斤，重者千余斤。明代宋应星所著《天工开物》载：踹布石一般重五六百斤至上千斤不等。厚约30厘米，高约70厘米，宽100厘米左右。

在古代踹布坊里，踹匠先将棉布卷在木轴上，置放在凹形承石上，再将踩石压在布轴上。踹匠站立于元宝石两端，双手扶住头顶上方平行摆放的木杆，双脚不停地晃动踩石，反复碾压布轴，直至布面平整光滑。就是冬天，踹匠都必须赤脚踩在踩布石的两端。做一个踹匠要有大力气，要吃得苦耐得烦。

踹布石

其实，这踩布石相当于我们现在使用的熨斗，布匹在染布坊内洗染后会缩水，有的还会起褶。踩布石的功能，就是为了提高棉布的着色力，平整布面，恢复棉布的长度与宽度，增加棉布的经纬密度，及增强棉布的韧性。只是随着印染技术的越来越先进，“踹布”工艺已渐渐被淘汰，

每个行业都有自己的祖师，也少不了动人的传说。在踹匠中流传着“梅葛二仙”的故事：有一对孝顺的夫妻，把年老多病瘫痪在床的父亲照顾得很好，多年后，老人病逝，家中就一贫如洗了。那天晚饭时，夫妻正为一只煮鸡蛋推让着，看到门口有两个乞丐可怜巴巴地望着他们，便把鸡蛋切成两半分给乞丐。乞丐吃完了还没力气走，他们又把面前的两碗甘薯饭递过去。乞丐吃饱后，就拍着手唱起歌来：“我有一棵草，染衣蓝如宝，穿到花花烂，颜色依然好。”夫妻知道遇到神仙了，只磕头。原来，乞丐就是梅葛二仙，他们在民间寻访有缘人传授染布技术。第二天，这两夫妻家菜地里就长了许多碧青透蓝的小草，他们把小草采回去，用梅葛二仙传授的方法染布，并将这方法传给穷苦的百姓。

其实，梅福是西汉末年的一个道士。葛洪是东晋著名道士、医学家和炼丹术家，并不是传说中的农夫。不过，梅福的蓝草，葛洪的染布方法，民间的这类传说给染布行业增加了许多趣味和神秘色彩；用通俗的语言解说，也便于染布技术的流传。关于蓝草染色，北魏贾思勰所著的《齐民要术·种蓝》记述了蓝草中撮蓝靛的方法。最早用文字记载踩布石的是宋应星的《天工开物·乃服》：“凡棉布寸土皆有，而织造尚松江，染尚芜湖。凡布缕紧则坚，缓则脆。碾石取江北性冷质腻者，每块佳者值十余金，石不发烧，则缕紧不松泛。”宋应星告诉我们，踩布石最好的材料首选“江北性冷质腻”的石头，用这种石头在织物上来回摩擦，即使碾压作业的时间再久，也不用担心“发烧”，即摩擦生热对织物带来的破坏。在过去，踩布石是染布坊实力的体现，好的踩布石值“十余金”，确实要财力的。

染布

据《中国近代手工业史资料》载：苏州在十八世纪初期，有染坊

染坊

六十四家，专门加工棉布的踹坊四百五十家。在另一个传统的手工业市镇佛山，19世纪30年代前后，织布工场达到2 500家，对于一个市镇来说，这是一个很可观的数目。

明清江南农村生产出来的棉布，除农家自用者通常在本地小染坊染色外，所余则由商人收购后送到城镇专业染坊和踹坊进行染色、踹压等加工，然后再传到各地销售。清代康雍乾时期苏州的踹坊就达六七百家之多，雇有踹匠万人以上，染匠人数也在万人左右。

旧时，在我国所有行业当中，踹匠工人是最艰苦的工作之一，除了工作环境差，干活时间长，体力劳动强度大外，所得到的报酬却少得可怜。苏州是棉织业和丝织业的中心，在织布的染色工序上，需要众多的匠人，脚踹巨石，将染色布匹整压光结。踹匠多为精壮的青年工人，生活贫困，但他们相互团结，富于斗争性。在此之前，从康熙初年开始，苏州踹匠就多次发动反抗斗争。有一年，踹匠领袖窦桂甫因年荒米贵，发传单约会踹匠停工，要求增加工银。布商呈请官府镇压，窦桂甫被决杖驱逐。康熙三十一年（1692年），罗贵、张尔惠等领导踹匠，要求增加工资，捣毁官府告示，聚众殴抢货物，清政府出面干预后，许多踹匠被枷责，罗贵等十六人逃生。结案后，76家布商将官府命令刻立石碑，踹布工价，仍定为每匹一分一厘。康熙三十九年（1700年）苏州踹匠罢工示威后，清政府为了加强对踹匠的管理，防患于未然，规定：嗣后苏州踹匠，要听从长洲县、吴县典史协同城守营委员督率包头约束，平日申明条教所开，察其行藏，不许夜间行走生事以及酗酒赌博。包头要负责盘查踹匠来历，设立循环簿。尽管官府管束很严，直到康熙朝末年，苏州踹匠的斗争仍很活跃。

为严惩罢工，平息罢工事件，苏州府于清康熙四十年（1701年）立《苏州府约束踹匠碑》一块，碑高1.83米、宽0.99米、厚0.24米。青石质地，字体为楷书。现存碑文共31行，每行81字。碑文记载：“千百踹匠景从，成群结队，抄打竟无虚日，以致包头回避，各坊束手，莫敢有动工开踹者。”现该《苏州府约束踹匠碑》已移至苏州碑刻博物馆（文庙），陈列在经济碑廊内集中展示，供广大游客欣赏和爱好者研究。

第四节 | 锻磨匠

锻磨匠，同属石匠。开采、打毛坯、建房、造桥称为粗石匠；制作石雕、石碑为细石匠；洗磨、打制石糟、石磙等称为锻磨匠。但遛乡串户的锻磨匠的手艺能“粗”能“细”，串“艺”现象普遍，全靠手艺高低以及社会需求和石匠本人的兴趣而定。

石磨，称推磨或拐磨，因石磨的上下两脐，都有八块三角形齿片，俗称“八大糟城”。石磨有公母之分，上扇的磨齿为“公”，下扇的齿沟为“母”，每块齿片有7～16根长短不等的齿条，一盘磨上有上百个磨齿，粮食通过这些上下齿条的摩擦，粉碎成面粉或糊状物。

石磨使用时间久了，磨齿变得平而钝，而不再锋利时，不仅磨面速度会变慢，而且磨出来的面也会变粗。因此，就需要修理磨齿了，锻磨就是把上下两扇磨的齿沟用錾錾深，然后再用锤将磨齿的平面锻平，而且，石磨需要经常锻。做这门手艺的人民间称为锻磨匠。

锻磨匠在我国有着悠久的历史，发源于旧石器时代，是历史传承时间最长最久的职业，从古代的简单打磨，到现代的石雕工艺和艺术的完美结合，离不开一代代石匠们默默辛勤的奉献。全国很多地方，虽然不产山石，但在20世纪70年代以前的农村，人们与石头却是天天打交道，石磨是过去农村家家户户必备的粮食粉碎工具，磨面、磨豆腐、磨甘薯粉、磨香油都离不开石磨。

石匠围一条粗布围裙，围裙搬磨的时候护衣服。席地而坐的石匠极有耐心，左手扶錾，右手拿锤，沿着磨盘固有的纹路，把凹槽打深，这叫“铣牙”。石牙铣

锻磨

好后太锋利了也不行，石匠就拿出一把硕壮的“半锤”，双手握把在石牙上敲，这叫“颠牙”。“铣牙”要有力，“颠牙”力大了就打齿了，打齿就是能把石牙打出豁来，这力量大不得也小不得，用力得当全在石匠的手上，当然这功夫也不是一天两天练出来的。锻磨匠在锻磨的时候是非常谨慎的。如果不小心，一锤下去，錾子歪了，劈得磨坯子掉下一大块，这个磨盘子就算废了。辛辛苦苦好几天，只一锤子的事儿，让一块好石头变成废石，是多么心疼人啊。石匠会很难过，坐在那儿抽半晌闷烟。所以，在以后工作时，处处小心，下錾下锤先轻后重，锤锤就像敲打在自己的心上。

锻磨不但是一种手艺活，也是一种靠体力吃饭的活，更是男人的“专利”。技术上也分三六九等，技术差的是注定不能吃回头饭的。一般每锻好几道牙纹，仔细的用嘴吹去锻碎的石粉末，看看新锻出的磨纹行不行，如果不深再锻一次，直到满意为止。也只有如此的细心，才使自己的活计做得精细，得到了村民们的认可。

锻磨的时间大都选在秋收以后，等农活结束了，锻磨人开始背着装有工具的“狗皮包”走街串巷，而他们的全部家当也就是两把特制的石匠专用铁锤、几把“鸡嘴型”铁錾和几把“鸭嘴型”铁錾，装入用半张狗皮做成的工具包。当外出干活时，将“狗皮包”背在身后，而忌讳将包提在手上，靠两条腿遛村串户，不停地喊叫“锻——磨——哟，锻磨啦。”

当锻磨时，先是把磨盘的上片反过来，放在地面上安置妥当。当听到“叮叮铛铛”的敲凿声，锻磨人就开始工作了，锻磨人的眼睛几乎是一刻不停地盯住石磨，手中的锻磨工具很有节奏的敲打，那时顾不上擦擦自己脸上流淌的汗水，拼命在磨盘上锻个不停，尽量使磨齿锋利。一般的情况一天可以锻两盘磨，就是说可以去两家锻磨。一日三餐，轮到谁家谁管饭，虽然是粗茶淡饭，但老百姓的心是真诚的。锻磨人夜晚一般都住在生产队免费的“招待所”里——牛屋。第二天继续寻找下一家活。

锻磨匠因行业成形历史久远和社会成分复杂，属“跑江湖”范畴，加之工具简陋、工艺简单、技术含量低，为以防多人（习足）此行，故锻磨匠特传承众多的各种忌讳与习俗，且充满着浓浓的迷信色彩，给人一种神秘莫测的感觉。

1. 磨料忌讳“虎趴堂”

开石匠把开采的大石块搬运下山后，一般都要根据石料的大小和形状，粗粗地进行打制，够碌碡的就打制成碌碡形，够石磨的就打制成石磨形等，然后卖给细石匠或直接卖给顾客，再由细石匠继续打磨、铣琢，制成成品。细石匠在打制这些石料时忌讳选用带有“过山线”和“白虎趴堂”的石料。

何谓“虎趴堂”磨料石呢？虎趴堂，又叫“白虎趴堂”。磨料石中心部分，俗称“堂”；“白虎趴堂”是指这块磨料中心有一块雪白色斑纹，很象一只老虎的形状。细石匠不要说打制这块石头，就是无意间买到这块石头，也自感晦气。“白虎趴堂不能用”是过去老石匠时刻记在心中的一句话，也是旧时石匠平时遵从的基本俗规。

为何白虎趴堂不能用呢？说是因为石磨本叫“白虎神”，“白虎趴堂”寓意白虎神显灵，锻磨匠如果看到这样的磨料石或者成品石磨，皆属一件不吉利的事情，寓意匠艺做到了头。过去有的老石匠一但看到这样的磨石，往往洗手不干，从此改行做其他手艺去了。

小石磨

2. 两山石头忌“连磨”

一般农家石磨是由三大块石料锻铣后组成的，一为上脐磨，俗叫“走脐”；二为下脐磨，俗叫“挨脐”（两脐磨合在一起称为“一盘”），三为磨槽，功能是兜盛磨下来的面粉、面糊和水。上脐是转动的，靠磨中心的铁木结构的“磨脐柱”连接下脐磨，而下脐磨和磨槽则固定不动。上脐与下脐必须使用同一座山的石料，且颜色、石质要一致，忌用不同一座山的石料。同一座山的石料打制出来的连槽磨，石匠称为“怀中抱子”。

3. 磨盘不准“地盖天”

上下两片磨石组合一起，统称为“磨盘”。上片称作“上脐”，下片叫“下脐”，也叫底脐。石匠把上脐称为“天”或“天脐”，下脐称作“地”或“地脐”。细石匠在制作成品石磨时，上脐磨要略大于下脐磨，俗称“天盖地”。如果外行石匠制成下脐磨大于上脐磨叫“地盖天”；两脐磨一样大被叫做“天地不分”，皆为犯忌的事。

为何忌讳“地盖天”或“天地不分”呢？据说此俗与石匠们崇拜的祖师盘古有关。传说当年盘古手拿神斧把浑沌世界砍开来，开了天、辟了地之后才有石匠。因此，后世的石匠们大多数这样认为：天下最先有的东西是石头，天下最先有的匠工是石匠。他们把崇拜盘古的信仰形式，形象地寄托在磨盘名称的讲究上，故把上脐磨叫“天”，下脐磨叫“地”。天自然大于地，所以下脐磨必须略小于上脐磨，因为“地又托着天”，如果哪个石匠违背这些惯俗，使“天”小于“地”或者“天地不分”，都是对祖师爷的不敬，属于“欺祖”的犯忌行为。

4. 磨忌锻成“偷嘴磨”

“偷嘴磨”是农家用户对有“毛病”磨的形象说法。这种“偷嘴磨”出现的使用性“毛病”包括两种情况：一种是在磨干面或水糊子的时候，出现半边下粮半边不下粮的现象；另一种是跳跃式下粮现象，即磨口周围出现一种时下时不下的“狗牙式”形状。这两种情况在江苏苏北通称为“偷嘴磨”，属于锻磨匠典型的犯忌行为。

锻磨工具

造成“偷嘴磨”的主要原因有：①匠艺技术不高造成。石匠在铣琢时掌握不住“鸡嘴錾”和铁锤的力度与角度，使上下齿纹不“合堂”。②有意留给同行修理。③纯属报复使手脚。有的用户对待锻磨匠态度不好，酒饭招待不周，也有因工钱与石匠讨价还价，引起石匠反感等得罪了他。故有童谣这样唱到：

偷嘴磨，偷嘴磨，

招待石匠有差错。

不是没有酒和肉，

就是工钱给不多。

5. 新锻磨齿忌水冲

锻磨匠将磨主的旧磨锻好后，露出崭新锋快的磨齿，但磨齿里自然会布满碎石粉。收工前，如系不懂行的“毛脚”石匠，出于好心，会用清水冲洗一下。谁知这一冲，磨主即会不高兴，指责他犯忌。个中道理何在?

据说，磨神不能“空肚子”，空肚子的磨神会使磨主家人贫穷、无粮吃。此外，还有石匠说清水冲洗磨齿是冲艺、冲财或准备洗手不干。

那么，懂行规的锻磨匠对待碎石粉是在收工前，向主家借个“干刷把”或破布片，在磨盘上掸一掸；然后把两片磨石合碰起来，请主家抓少许粮食放进磨眼转动几下，这个过程叫“投磨肚”，这样“磨神就不再是“空肚子”了。

6. 改造“鬼磨”忌收钱

所谓“鬼磨”，是江苏苏北一带民间对有毛病石磨的一种迷信称呼。石磨在使用过程中，出现磨转而粮不下、磨面粉时出现焦糊味或变黑，或时下时不下等一系列不正常现象称之为“鬼磨”。石匠一般处理“鬼磨”时是不收工钱的，但为了增加其神秘性，还叫主家烧纸“了愿”，临走前向主家索要一尺青布和二尺白布，寓意向“鬼”弄个一清二白，从此保证该磨不会有毛病。

作为农耕时代的匠人，靠手工技巧操作的锻磨匠，这种平凡而远古的职业，曾是不可或缺的技艺已从人们的视野中彻底消失，它留给人们的只能是传说与记忆。

第五节 | 锔 匠

锔匠，也叫补锅匠、二铁匠，民间也有叫小炉匠、钯锅匠的。原属铁匠行业，因主要从事修补，即补锅、锔碗、锔缸、锔盆等，逐渐从铁匠行业里剥离出来，成为单独的民间工匠行业。作为铁匠业的补充，他们一般能干铁匠的活，而铁匠却不能干补锅、补缸盆的活儿。

补锅匠的主要工具有：小铁砧一个，形状与铁匠的大铁砧完全相同，只是个头有大铁砧的1/10大小，小火炉一台，（因铁砧、火炉都比铁匠的小，民间称为“小炉匠”），铁锤、铁錾以及工具箱带小风箱和一些锅钯、碗钯之类的一些杂件。

补锅

补锅匠是乡村大道上“肩挑阶层”的代表，受到其他肩挑卖艺的尊重和崇拜，被公认为“头儿”。这不单是因为他们的挑子是“硬八根系”（用竹片代替绳子），可能还是由于他们的“显红挑子”具有一种“辟邪挡恶”的民俗作用以及祖师“李老君”在诸多行业中祖师爷的“神职位置”最高等原因。但谁是补锅匠的祖师爷说法不一，有的地方说他们的匠艺是自学的，叫“稆手艺”，自然不能与有根有本的大铁匠相比。

补锅匠的经营方式和扎柳匠、卖货郎、锻磨匠差不多，靠肩挑担子走街串巷，担子两头的工具箱上悬挂一些铜钲、铜坠等，行走时能摆动，自相击打发出声音，以招览生意。俗语：没有金钢钻，别揽瓷器活，说的就是小炉匠的工作写照。

锔碗（雕像）

补锅匠与其他行业一样，有着很多的行规和不为人知的秘密，他们虽然靠手艺与技艺服务社会，但也是社会最低阶层，政治地位低下，以及匠人的酸甜苦辣。

1. 铁匠门前不吆喝

补锅匠主要靠肩挑工具箱走村串户，大多靠吆喝的方式招揽生意。可是，当补锅匠途径铁匠铺门前，或在远处望见前面有铁匠铺，他们即马上停止喊叫，闷声快步走过去，或者绕道走过去。是什么原因使他们要避开铁匠铺呢？

（1）尊重“大同行”：补锅匠和铁匠干的都是铁器活儿，只不过火炉子、铁砧比铁匠的小，用他们内部的话说，叫作“大同行”的。但铁匠干的都是制造性的工作，而补锅匠们干的都是修修补补的“下把活儿”，若到铁匠门前高声吆喝，意味着讥讽铁匠的手艺差，不差怎么会坏的？怎么还要别人修补呢？因此，走到铁匠门前不敢吆喝，怕铁匠们盘问他、奚落他。说是为了尊重铁匠。

（2）自卑：他们的匠艺技术多系家传，大多没有拜过师，或家传或自学，怕人疑心他是来偷艺的。还有一说法，补锅匠们怕铁匠们拿他的小铁砧子。传说铁匠当年浇制大铁砧时，同时又制了一个小铁砧给孩子从小学打铁，后来被补锅匠偷去了，偷去之后不但不学打铁，却另创一行专门和铁匠对着干的职业——补锅，使铁匠用生铁制的新锅很难卖，要不是补锅匠的出现，哪一天没有许多人买锅呢。因此，补锅匠走到铁匠门前不喊叫，怕铁匠说他们是不是又想来偷铁砧子的。

2. 找到师兄不再喊说

有的补锅匠手拿的铁片叫“头”，“唤头”的意思是呼唤头儿铁匠的，当走到铁匠门前不再吆喝的原因，说是因为“头儿找到了”，自然不再吆喝了。既然“头儿”找到了，就要有所表示。因此，有的补锅匠走到铁匠铺门前，轻轻放下担子，向铁匠客气地问候几句，装袋烟送上去，同其聊一聊，当遇到铁匠正在铺前打铁时，有精明的补锅匠是不放过这个机会的，有意上前帮帮忙、套套近乎。临走时习惯在铁匠炉旁捡一些废铁皮、锈铁丝什么的，用做补锅、补碗的锔子，铁匠也不会计较。

据调查，补锅匠不在铁匠门前吆喝的主要习俗和真正原因，是为了尊重铁匠，因为铁匠在操作时忌讳外人乱喊叫。

在淮河流域补锅匠遛乡时，喜欢喊“钯——锅——了”。人们一听就知道是补锅的意思。听老年人讲，补锅匠的原意是“把给我了”。到底是什么“把给”他了呢，这里有这样一段传说。

传说当年李老君原有两个徒弟，一个学铸锅，一个学打铁，后又收了个小徒弟，因受不了师傅的管束，就偷了师傅的小铁砧，独自离开，为了能混口饭吃，就做了个小炉子，带上小铁砧，专为人家修补锅碗等，后来李老君知道了就派两个徒弟找小徒弟追要小铁砧，小徒弟却说是师傅给的。所以小徒弟在遛乡的时候怕人家说他的小铁砧是偷来的，于是就边走边喊：“把——给——我——了”，但遇到铁匠铺时，就不敢再喊。

补锅匠的挑子忌讳别人称他为“铁匠挑子”或“铁匠担子”。据调查，说是因为“铁”字同“贴”字同音，寓意“贴担子倒赔钱”，做手艺亏本。另一种说法是补锅匠不敢承认他的担子是“铁匠挑子”，怕大师兄向他索要师傅的工具。那么，补锅匠的担子叫什么好呢？他们的担子前头有小火炉、小风箱等，特叫“火头”；担子后头有小铁砧和破铁皮一类的备用料，特叫“回龙店”；“火头”和“回龙店”合起来总称“显红挑（担）子”。所以当你见到补锅匠时夸他一句：“师傅这显红挑子好重呀”，补锅匠听了会美滋滋的，收工钱的时候要比别人公道得多。

锔匠工具

3. 不准匠人抢上风

“抢上风”，是指非同行的遛乡匠人挑的担子走在补锅匠的上首，即前边，对补锅匠来说，属犯忌行为。

旧时，淮河流域和中原地区，肩挑担子走街串巷，经常碰面的手艺人主要是补锅匠、柳匠、桶匠、鞋匠和理发匠等，以及非手艺的卖货郎、卖炕鸡、卖瓦盆等，这些形形式式、不同职业的人，虽不同行，但全靠的是挑担子卖艺或卖货来养家活口，经常在路上相遇，无形之中形成了一个特有的“肩挑阶层”。正如民谣所说：

凭着一双带茧手，
肩挑日月来回走。
老婆孩子顾不住，
只顾自己汗换酒。

这些“挑担者”久而久之形成了补锅匠为老大的行规，并不与老大“抢上风”。据调查，有三种说法：①是公推“老大”说。据说这个“肩挑阶层”的前辈共同公推补锅匠为领头老大，无论是行路做手艺，还是聚餐吃饭，都将补锅匠于上首。②是沾光顺风说。说是因为补锅匠的前头担子装有小风箱，若和补锅匠争上风寓意压风，会使“抢风者”生意不旺，背时。如不争风，则可沾风、沾光，吉祥如意。③是辟邪说。因为补锅匠的担子里有火炉，寓意“红红火火”，尤其是夜晚结伴行走，“红火”在前，可以辟邪退鬼等等。

锔过的碗

4. 讨厌同行“吃独食”

在走街串巷跑江湖的各种遛乡匠人和卖货郎等小商小贩中，比较起来，要数补锅匠的同行者间，较为讲义气。只要是撞到一起，不管是见过面或是没有见过面，都亲如兄弟，有困难互相帮助，叫见面有一份，有“财”大家发，但最忌讳的是“吃独食”。

所谓“吃独食”，是指极少数补锅匠将几个村的地盘划归己有，毁谤别人的手艺如何如何差，有时甚至借机会弄坏同行补好的锅子，使其漏水、透亮，主家不得不专门请他修补。这些现象叫“吃独食”。

过去遇有同行犯忌出现“吃独食”现象怎么办呢？一般用两种办法惩治：一种是由另外几个同行串通一起，专在叉路口等候，当犯忌者途经此处时，对其教训，要求保证以后不再犯，并要他请大家喝酒。若犯忌者不同意，大家伙即可将其担子夺下砸坏、折断扁担、砸坏火炉子；二是等到二月十五李老君生日那天，全行业的补锅匠和铁匠集会（俗叫“做会”）祭奠祖师爷，由铁匠头子或年长者补锅匠出面对犯忌“吃独食”者进行严厉斥责。犯忌者还必须面向祖师神像下跪，保证永不犯忌。

该行业的行规规定，同行之间不管是谁，揽到了较多的活儿正在做艺的时候，来了同行者，随即可以落担插手，先到者皆不能计较，一律将工钱一分为二。这就叫做“见面有一份，有财大家发”。

锔过的小酒杯

第六节 | 柳　匠

柳编产品家喻户晓，但不同于日常接触较多的木匠、瓦匠、铁匠等工匠，作为柳编产品制造者的柳匠，人们却很陌生。

以丛生灌木的杞柳条和乔木柳树薄板作为主要材料，从事制作和修理柳器等生产、生活用具的匠人，叫作柳匠。柳匠不但能制作、修理杞柳条做成的各种柳具，还擅于制作、修理竹篾器和有关木器，而篾匠却与柳器无关。因此，柳匠在

柳匠（资料图）

民间是个不可多觅的以遛乡为主的多面手艺人。

柳匠在民间有着多种称呼，不同的地方称呼也不相同，在淮河流域及中原地区，以制作和修理竹篾器、柳篾器为主，民间多称为“柳篾匠”；以制作和修理筛子、箩子为主的，人们又习惯称其为“张箩匠”或“柳匠”等。有的地方，将遛乡的、“做户的”（一般在家做好成品交给其他人卖）张箩匠、笼匠、箍桶匠、篾匠、扎柳匠、倒筢匠等，统称为柳匠。柳匠不同于其他单一的匠人，制作与修理为一体，柳编、竹编，箩、筛木器等各种材料的全能手。

柳匠的祖师崇拜观念同样较浓。淮河中上游地区信奉鲁班；淮河中下游地区则又多信奉蓑衣公、程咬金。其特点同补锅匠相似，多带有江湖神秘色彩。

柳匠的活儿气节性较强，按不同的气节，会有不同的事。麦收前后，农民就要准备与麦收相关的用具。这时候乡村里修理耙斗、簸箕、百揽、大小粮匾等盛粮食用具的农民最多。柳匠们使用半边柳条（俗叫“柳线子”）或皮条把坏了口的柳具捆扎好，人们习惯地称他们为“扎柳匠”。到了秋熟作物收清后，人们喜欢使用一种拖在地上“搂”草的竹耙子（分大耙、小耙）来拾草、积草过冬。这种竹耙子一般每年修一次，因为夏秋两季用过之后，其耙齿大多被地面磨短或拉直，若遇一场雨，耙齿更容易“伸直”；变短或伸直皆抓不住草，只好请柳匠修理。修理时经水湿后用微火烘烤，再进行弯曲、定型，此种工序方言叫“倒”，也叫“倒大耙子”，“倒”是回笼的意思，故把修竹耙叫“倒耙”。人们也称他们

耙

为“倒耙匠”。

到了冬春二季，是磨粮筛面、做馒头的集中季节，农民把筛面隔麸皮的小筛子称为“箩子”，做箩、修箩称“张箩”，匠人被称“张箩匠”或“张箩的”。春节前家家户户做馒头，在这段时间里，柳匠一天忙到晚的匠工活儿就是修制蒸笼。因此，人们又称他们为“笼匠”。此外，由于柳匠既能制成品又能修柳具，既能修理竹篾用具，甚至还能修理马桶、洗衣桶等，属于名副其实的多面手。因此，有的地方又喜欢尊称他们为“三手匠”。

做箩

以上这些称呼，大多属于“他称”性质，多不属于该行业的“自称”。而且在他称的名称中，柳匠最忌讳的是“倒耙匠”和“三手匠”。那么他们喜欢称呼他们什么为最好呢？一般来说，称为板柳匠、玩柳匠、柳工匠、柳木匠和柳篾匠、柳器匠、柳匠乐意接受，称为“笼匠”最喜欢。柳匠们认为：“笼”和“龙”字同音，中华是龙的传人，认为他们“笼匠”应该是天下最好的工匠。还有一说是因为他们的祖师爷程咬金是金龙转世，且又当过几天皇帝，是天下人公认的粗中有细的大好人，有这样的人做他们的保护神，该行业的人当然最满意不过了。称他们龙匠，既是对他们的行业所有人的尊重，也是对他们祖师爷的崇拜。

过去的柳匠与其他行业一样，有作各种各样的忌讳和迷信传说：

（1）出门忌讳见新娘。出嫁新娘的花轿或贴有红双喜的车，一旦被柳匠撞见，即被说成是“晦气事”。柳匠们说：出嫁新娘子是“赔钱货”。遇见“赔钱货”会使当天做手艺不顺利，不但赚不到钱，还会倒贴材料。怎么破？柳匠们习惯低声自言自语、走一步说一句：“有喜、来喜、撞见喜，当天见喜多财气”。

（2）出门忌见抬棺材。柳匠早上一出挑时，一抬头望见有人抬棺材，尤其是刚离宅，柳匠说这种晦气事叫“顶头丧”。撞见“顶头丧”不但会破财，而且会招致飞来灾。怎么破？柳匠仍然是自言自语边走边说，但要改变一下行走方向，其破解词这样说：“发财、发财、大发财，高官厚禄主免灾”。

现代竹编

（3）出门忌见野兔子。正在奔跑的野兔子，猎手遇到十分高兴，可柳匠遇到却偏要认定它为“晦气物”。因为它是江湖艺人共同忌讳的“虎、梦、狼、牙、兔、雾、桥、塔”的八大块内容之一，柳匠们称它为“跑风”。有柳匠说：“撞见这个晦气东西主倒霉，苦多少钱，也吃不住‘跑风’跑”。怎么破？第一，禁忌张口说“兔子、兔子”或“你看、你看，好一只大肥兔”。第二，应当“活”一下肩上的扁担，抖起精神大步朝前走，边走边说：“驮钱驴、驮钱驴，多苦银钱驮家去。”即可破解。这些迷信说法，不单独柳匠行业讲究，其他肩挑担子遛乡的行业匠人亦同样讲究，只不过是每个行业所忌讳的事和物有所不同，但“破解法”大同小异罢了。其性质和心里是一致的，这些属于迷信观念，大都是在暗中自发性传承。它的作用只能作为一时的心里平衡和自我解脱。

柳匠现在很少见了，但他的产品仍在广大群众中流传着，在日常生活里，起着不可或缺的作用。现代化社会发展到今天，传统的柳编产品，有些被现代产品替代了，有的暂时还不能替代。但柳匠已很难见到，这一技艺也将绝迹，它为人类留下了许多物质财富和相关的民俗、民情文化。柳匠的柳编产品，虽不具备艺术价值，但它却是民间美术内涵的延伸，如今，柳编这一民间工艺已成为非物质文化遗产，被社会所认可，它那千变万化的造型，实用与装饰为一体且具有文化内涵而梅开二度，众多的柳编从业人员，已不再是昔日的遛乡柳匠，但镌刻着历史的民俗文化仍留存于世。

第七节 | 篾 匠

篾匠，在中国是一门古老的职业，早在新石器时期和良渚文化遗址中就已发现带孔的竹镞和较为精制的竹制器物。《诗经·尔雅》中有“尔牧来思，何蓑何笠”的诗句，生动地描述了牧童暮归时头戴笠帽的情景。由此可见，篾匠的诞生极早，且从业人员众多，云南省宣威市东山镇有一个村都靠篾匠手艺吃饭，故叫篾匠村。

篾匠（资料图）

竹，“一节复一节，千枝攒万叶，我自不开花，免撩蜂与蝶”则是清代诗人郑燮所表达出它那清高脱俗的意味。作为具有特定文化内涵的物品，很早就在中国人心里扎根生长。苏东坡的“宁可食无肉，不可居无竹”所表达的中心内涵，清新高雅、人与自然和谐共存的意境全出。然而，在篾匠眼里，更看重竹子的物质功用。篾，在字典上解释为劈成条的竹子。篾匠，把篾条编制成各类生活用品及生产用具，这一古老行业延续了千百年。

过去，竹器是人们生产生活中的重要器具，篮、筐、笼、箕、篓、蓆等用具都用竹编，从筛米的竹筛、竹椅、竹凳、竹席、竹扇、竹帘，到斗笠、菜篮、箩筐、牛嘴笼子，甚至是很多玩具也用竹为材料。

篾匠就是将竹子和芦苇做成篾，再把这些篾子编织成各种各样的实用器具和装饰器。我国南方多产竹子，南方的篾匠用竹篾，北方很少有竹林，则用芦苇作为篾子的原材料，故称“柴篾”也叫“芦柴篾”。也有用高粱秆剖成篾编制物品，且色彩鲜艳、自然，表面细腻。

篾匠的手恐怕是世界上最粗糙的手。手指不停地摆弄竹篾，每天何止千万次，竹篾的边棱锋利如刃，手指摆弄游刃有余，而不被割破，全靠功夫和手指上的厚茧。不要说城市人细皮嫩肉，就是一般农村人，常年劳作，如果来从事竹篾操作，难免不会划破手指。而篾匠长期进行这样的操作，双手打起厚厚的的手茧，好像形成了一层保护罩，成为竹篾的专用工具了。这样的手在操作时，自然也成为一道风景。编筐时只见竹篾摆动，竹筐在双膝间飞转，一只筐底转眼就围起筐边。在打席时更为叫绝，只见双手捡篾，用一只胳膊把捡起的篾一抱，另一只手已将一根横篾喂入，随着撒开的手，那一抱弯篾随之弹回平地，一拣一撒，竹篾时而如浪卷起，旋即纷纷洒落，周而复始，如同汹涌的波涛，激荡不息，

竹篾加工比较复杂，技术性强，竹器的质量好坏，与竹篾有很大的关系，所以篾匠最重要的基本功就是劈篾，把一根完整的竹子弄成各种各样的篾，这期间要通过砍、锯、切、剖、拉、撬、编、织、削、磨等工序才能把竹变成竹器。

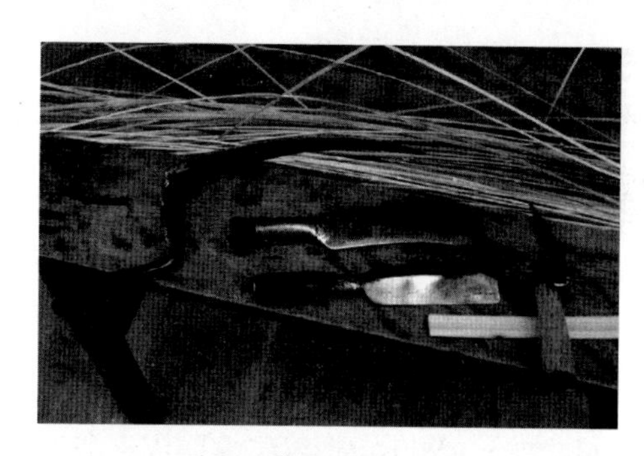

篾匠工具

破竹

篾匠的工具是所有匠人中最简单的，只有一把篾刀，略呈长方形，一边有刃，另一边是刀背，较厚，手握处有短把。篾刀主要用来破竹，把竹伐成篾条。有一句成语："势如破竹"。看篾匠破竹伐篾条，就是这种感觉。

篾匠最重要的基本功就是劈篾，把一根完整的竹子弄成各种各样的篾。首先要把竹子劈开：一筒青竹，对剖再对剖，剖成竹片，再将竹皮竹心剖析开，分成青竹片和黄竹片。然后再根据需要，竹皮部分，剖成青篾片或青篾丝。剖出来的篾片，要粗细均匀，青白分明。再把它不同的部位做成各种不同的篾。

青篾剖成比头发还细的青篾丝，最适合编织细密精致的篾器，加工成各类极具美感的篾制工艺品。黄篾柔韧性差，难以剖成很细的篾丝，故多用来编制大型的竹篾制品。竹篾中最好的当然是青篾，最适合编织各类细密精致的极具美感的篾器。因其柔韧度强弹性好，根据需要还可以剖成细细的青篾丝，如编制蕻篮笼、筲箕、斗笠、甑篦子等等竹器都需要用青篾丝精心编制。

柴篾加工则相对容易，选择上好的芦柴，用批（划）刀破一条口子，将划好的芦柴整齐平放在场地上，用无齿石磙反复压扁，按不同用途破成宽窄柴篾，即可编制各种各样的容器。

据说篾匠的祖师爷是鲁班的师兄：张班。张班的木匠技艺不如鲁班，却心灵手巧，能用竹子编制出各种日用物件。由于张班背离从师所学，搞起竹艺，便算作“偏门”，所以在江湖行帮中，篾匠地位最低。但篾匠们对张班十分敬重，将他与鲁班并列祭祀，尊称为“张鲁祖师”。传说张班编了张席子，鲁班便安上四条腿，成了桌子，于是世人都夸鲁班的手艺好，而冷落了张班。张班找鲁班评理：“你改做桌子可以，但名称还得按我原来的‘席’叫！”。因此，古往今来设宴请客时叫人落座，均称“入席”。

观察篾匠的制作过程，发现几乎所有用刀的手艺中，刀口都是向外的，唯有篾匠的刀口是对着自己用力操作的。因此，每经篾匠学徒要学会这门手艺，除了流汗，还非要流上几滴鲜血不可。篾匠在完成每一件物品，都要经过好多道工序：

一是选择材料。可用作原材料的竹子有水竹、金竹等，金竹由于其质地坚韧，做出的篾货坚固耐用。

二是划篾撕篾。划篾是指将竹子用刀劈成均匀光滑的竹片；撕篾是指将竹片剔成4到6层的篾片。就是说进行这道工序时，手指极容易被竹片划伤，久而久之手上就遍布了伤痕。当地有俗语“养儿莫当篾

竹器

匠，十个指头抠得像和尚。”

三是打折做架。以编织筛子为例，打折，就是用纵横交错的手法编制筛子的筛席，根据编织手法的不同可以编成“升字底”和“扬叉花”两种花型；做架，就是选用竹片编织用来固定筛席的底架。两者完成后拼合在一起。

四是夹口锁边。这是最后一道工序。将选取的两个竹片弯成圆圈，把拼合后的筛席和底架内外夹紧，用竹子最外层的青篾（一般都用水煮过，这样更加结实）绕上几圈，一件篾器就完成了。

竹篾匠一般都是走街串巷“吃百家饭”的，挑个篾匠担边走边不紧不慢地吆喝：“竹篮、筲箕、蒸笼修筏——”竹篾匠的担子一头是工具箱，一头是材料架。木质结构的工具箱是椭圆形状的，尺把高，箱子里面装着篾刀、小锯、小凿、小钻之类编竹篾必备的工具，其中有一件是竹篾匠独有的工具：刮篾刀。刮篾刀不大，不论大中小号都像一把铁打的小刀，一面有一道特制的小槽，柔软的竹篾都能从小槽中穿过去。担子另一头像是一个大竹筐，不过，其他竹筐是用麻绳系结的，这里用的是竹片，两根宽竹片中间用火熏弯，十字交叉与竹筐连体形成一个竹架。竹筐里放着长长短短的竹片，竹架上挂着锯子、圈成圆圈的竹篾，下面挂一些竹篮、小筛子之类的半成品，可以说既是材料架又是展销台。

随着时代的发展，塑料与不锈钢制品大量涌现，竹篾制品几乎被淘汰，竹篾工艺和其他一些传统手工业一样，正渐行渐远地离去。不过近年来，随着人们环保意识的增强，竹篾制品又逐渐有了一定的市场，有的饭店，开始用竹器蒸煮饭菜；还有一些人，到乡村定制竹篾产品，装修房间……篾匠这一古老的民间艺人，会不会重新受人重视而风光再现呢？老一辈们薪火相传的手艺正在逐渐失传，最后成为一种记忆。篾匠这门手工艺也许会消失，但是老篾匠身上辛勤劳作的精神却将恒久地存在。

竹篾匠

第八节 | 扎　匠

扎匠，也叫扎彩匠，扎灯、扎纸等。从事这项工作的匠人一般称为“纸扎匠”，纸扎的历史可以追溯到汉代，自汉代造纸术发明之后就开始有了这种艺术。它源自民间迎春活动，继而引入我国传统的年节、喜丧风俗，如节会上扎制彩灯，丧会上扎糊纸人纸马。到了宋代，纸扎以它精美的彩绘和特有的艺术造型而达到鼎盛时期。

彩灯

扎匠以篾匠工艺为基础，集多项技艺为一体，派生出一种纸扎匠的行当，是属于竹与纸的艺术组合，传统与文化的结合，更是理想与期盼的组合。纸扎匠在民间生活中最重要的制作是灯笼。寻常人家，平时不可能大红灯笼高高挂，但也离不开灯笼。在手电筒没有普及的时候，黑夜里出门，或者是打火把，或者是打灯笼。火把燃烧的持续力有限，通常是要打灯笼，家有喜事要挂彩灯，彩灯有多种多样。既是实用，也是艺术装饰，具有烘托气氛的作用。尤其是在过年、过元宵灯节时，家家要挂灯笼，还有舞狮舞龙灯。灯节是重要传统节日，要闹花灯，有一句唱曲“正月里来是新春，家家户户挂红灯”。这是纸扎匠人展示才艺的主要时机，他们把各种各样的现实事物及想象中的事物，进行艺术的奇妙构思，制成花灯，供人欣赏。

扎匠分喜扎和丧扎。顾名思义，喜扎就是为办喜事的人家扎些喜庆的东西，比如灯笼、绣球、花球、双喜之类。过年过节的时候扎的一些东西也应该算是喜扎。有纸门神、财神、聚宝盆、金银山之类的，是用来供奉的。还有纸龙灯、狮子、竹马、旱船之类的，是用于年节的歌舞和灯会的。丧扎则是办丧事用的，种

扎纸人、纸马

类可以说是五花八门了。不但有纸幡、纸人、纸马、纸屋，还有纸仙鹤、纸十二美女、纸二十四孝、纸楼等。

纸扎制作一般来讲有以下几个步骤：选料、扎架、缠秆、备纸、做花、裱糊、彩绘、组装等。纸扎匠的功夫主要在于绑骨架子和在纸上彩绘。骨架子是先以竹竿、竹篾或芦苇，绑扎出物件的骨架，之所以说绑骨架子要功夫，是因为骨架都不是直线型的，所以这些竹竿都要用火烤出各种各样的弯状，然后，再组装成骨架。这是件细致而难度很大的活儿，一边烤，一边用嘴轻轻地吹。因为稍不留神，火候掌握不好，就会将杆烧断，从而前功尽弃。骨架子绑好后，然后以白纸裱糊。白纸裱糊好了就是彩绘了，旧时还没有多少五颜六色的纸张，最后只有靠彩绘来完成。所以老扎匠还得有画功，有时看他们好似闲来之笔，但三下两下，纸人、纸马就在他们的笔下生灵活现起来。扎匠铺子不只是在铺子里做生意，哪家有婚丧大事了，还请他们上门。这些老扎匠也乐意上门，上门有吃有喝的，不但有工钱拿，还有喜钱拿，碰到出手大方的人家，喜钱要比工钱高。

灯笼有很多种，有花灯、字画灯和肖像形态灯。在形制上有圆形灯笼、方形灯笼、组合灯笼。圆形灯笼是一般人家最常用的灯笼，逢年过节用的圆形灯笼多为大红色，以示吉祥喜庆。方形灯笼也较多，四棱六棱为多，每个灯面上用来画画或写字。一种过节用的牌灯比较大，除了照明，主要是要突出灯面上的字画内容，形成一种特色灯。这里形成彩灯制作中纸扎匠与字画功夫的配合。有的纸扎匠本身字画功夫很好，灯做得好，又加上字画好，相得益彰。有的则是要请字画功夫好的人来配合。内容方面，有的是在灯面上画历史人物，历史故事，有的写古典诗词，文字配上画图。有的在灯面上题写谜语，让观灯的人去猜，叫灯谜。还有剪纸，在灯面上贴上剪纸艺术品，在柔美的烛光映射衬托中，格外典雅。

还有组合灯、灯连灯、灯套灯，相映成趣。有一种里外几层相套的彩灯，比如较复杂的宫灯、走马灯，有一层灯靠蜡烛燃烧的热气推动旋转，用来表现《三英战吕布》等车轮战题材就非常合适。肖像形态灯主要有人物及动物灯。动物灯天上地下水里无所不有，牛、马、狗、猪、虎、兔、鸡、鸭，喜鹊、天鹅、蝴蝶、蜜蜂、蚌、螺、鱼、虾、昆虫，还有麒麟怪兽等。年节时常给孩子们作兔子灯、鲤鱼灯，下面有四个轮子，可以用线牵着走，复杂的里面作机关，比如让兔子的耳朵及眼睛随轮子转动而联动，就需要有一个机械传动装置。主题组合灯有人物有动物，动物如十二生肖组合灯。人物灯有的是神话故事灯等。这些彩灯的制作，虽然是具有广泛的群众参与为基础，但精彩的部分，主要靠那些工艺高超的工匠发挥着骨干作用。在每年的花灯制作中，各地的纸扎匠创新立意，引领时尚，造就一年年灯节永不枯竭常开常盛的灯笼艺术之花。

对于丧葬灵房的扎制，也是叫绝。虽是微缩景观，但都是宫殿式建筑式样，重檐飞翘，楹柱排列，涂绘贴彩，金碧辉煌。

扎匠也有一些行规习俗，民间流传着一句俗语，“纸扎匠不给神磕头”。意思是说，神态各异的所谓“神灵”都是懂得塑造工艺的纸扎匠们依据人们的口头传说或古籍记载亲手具象地制作出来的，他们自然知道神灵们不过是徒有威严的其表而已，用不着去毕恭毕敬地给自己的作品磕头。

龙灯

随着时代的发展，各种古老的工匠，大多被现代化的技术所取代，逐渐成为历史，但扎匠这门古老的民间技艺，不但没有消失，反而更加活跃，传统的技艺与现代化的高科技相结合，给人以美的享受，一年一度的春节、中秋节已成为扎匠展示技艺的大舞台，更成为广大群众的娱乐形式。而全国各地的丧葬纸扎物品，已成商业化，很多材料都已工厂化生产，各种品种更是五花八门，大到楼台别墅、轿马轿车，小到手机麻将、香烟纸币，应有尽有。

第九节 | 石 匠

石匠，与石头打交道匠人的总称，分粗石匠、细石匠、开山匠等。从事用石头造桥、建房、打制毛坯称为粗石匠；石器雕刻、石碑制作、制磨、锻磨等称为细石匠；从事开山劈石、选制料石等称为开山匠。本篇主要讲述粗石匠与开山匠的一些技法、习俗和一些不为人知的行业忌讳。

石匠

石匠工具

石匠在淮河流域和中原地区的从业人数不是很多，20世纪五六十年代，由于生活水平低下，社会对石雕艺术品的须求较少，使技术水平较高的细石匠大多以打制石槽、石磙、石磨和建筑用的石块为主。“近山”的石匠以开采、打毛料为主，“远山”的石匠以打磨、建房、建桥为主，但“串艺”现象普遍，全靠石匠的手艺高低以及社会须求和石匠本人的兴趣而定。石匠的全部设备，也就是一把铁锤、几把铁錾。从业人员较其他行业要多得多，他们所从事的业务是百姓生活不可或缺的一部分。

石匠的祖师爷各地都不尽相同，而崇拜山神现象是大体一致的，其习俗忌讳与“鬼神”的关系较多且神秘。

1. 辟山开石匠，未敬山神不开工

开山匠

“开石匠”俗叫“打石头的”，行话叫“干顶硬子的”，是常年以开山打石为业的一类石匠。春节之后第一次上山打石，是有一种较严肃的习俗讲究，那就是“敬山神”活动。如果石匠省去一年一度的敬山神“手续”，直接上山打石，则属犯忌。

所谓的敬山神活动，是指石匠在正月初一或十五那天，带领徒弟和全家男孩携带小锤到山神庙烧香磕头，求山神保佑。如果当地没有山神庙，可选择一个奇峰异石处代替。待烧纸、磕头、放完鞭炮之后，用小锤在附近的石头上敲几下，寓意山神老爷已经受过香火，允许开山打石了。

2. 奇峰异石不能打

石匠上山采石打毛料，遇有奇峰异石时，即使石头质量再好，适合做某种石器毛料，既形象又恰当，但对懂行规的石匠来说，绝不会轻易采打，那么，什么样的石头属于奇峰异石呢？据调查，一般指以下4种类型。

（1）有象形的山崖或石块。指山峰、山崖及山坡某巨石，其形状奇特而又象形。

（2）有传说、有名堂的地方。指某处山峰、石洞或巨石，有流传故事、有讲究。如：某石洞，传说有某某神仙或皇帝、名人曾经来此坐过或住过。

（3）有名人题词的碑石处。指某巨石上有皇帝或有关名人题字、被刻留着纪念的山崖、山坡以及山洞旁立有题字石碑的地方。

（4）山顶最高处的石头。所谓山顶最高处，并不专指那些无法攀登的峰尖，泛指那些海拔不高的平顶山。再小的山皆有最高处，凡石匠认为最高处的地方，皆属不打之处。

以上4种情况，统统属于“奇峰异石”范畴，石匠们认为这些地方与神仙造化有关，石匠不能敲打、不能损坏。平时上山采石，遇到或经过这些地方，是忌讳在其周围动锤动凿的。故有俗语："石匠不打名崖"，就是这个道理。

3. 建房"粗石匠"

（1）两山石块忌碰头。一般地方都有一支专门为人搞建筑的石匠队伍。这类石匠介于开石匠、细石匠、锻磨匠以及泥瓦匠之间；这类匠人的手艺有高有低，高能雕刻琢铣，低能打石搬运，俗称"石瓦匠"。这一大类人在搬石垫基、砌墙时，最忌讳"两山石块碰了头"。

所谓"两山石头碰了头"，是指在盖同一幢房子时，拖运两座山（或不同山名的连体山）上的石头。这事情当然是属于建房主家的事。有时，尽管主家不懂此俗，或明知忌讳而不讲究，作为通晓俗规的瓦石匠或石瓦匠，皆会坚决劝阻的。尤其是两种明显不同的石头，例如青石和红石，石匠们更为忌讳，万一主家坚持要用，待房子竣工后，主家不说，过路的内行人看到了，也会暗骂这班石匠、瓦匠们"瞎了眼，没得好心思"，此忌讳为何有这么严重的讲究？

有一句俗话叫做："两人能碰头，两山决不会碰头的。"两座山的石头"碰"在一起，同建一幢房子，等于"两山碰了头"。因为每山都有山神，石匠们说，一个山神能保佑，两个山神会作乱。山神的威力无穷，黎民百姓怎么能吃受得住？因此，两座山上的石头凑合在一起同建房子的事，就被视作大忌了。

（2）立门角石须争喜。"粗石匠"为人建房做"石头盏脚（石头基础）"时，如果皆是普通的小石块砌垒，有时还要在墙面上用水泥复牢，那么在砌墙过程中，石匠一般不会多嘴多舌，以瓦匠工头说话为准；假如都是使用大石块，且每块石头都要经石匠铣磨一下，以石块当墙面，这样，瓦匠一般要听石匠指挥。当把大石头砌到大门或四个屋拐角时，有讲究的石匠就会自然停下来，向主家要烟、要喜钱，叫"立门角石争喜钱"。主家如果不给或借故拖延时间，石匠即说主家犯

砌石墙（资料图）

忌。为什么石匠在立门角石时要争喜钱？主家不给为何说不吉利呢？这里有两种说法：

第一种说法：因为门角石、墙角石大多是方方正正的大石块，在民间相当于“泰山石敢当”的石碑，具有一定的“辟邪作用”。如果主家不给喜钱，则石匠感到主家不够“人味”，事后会在砌墙过程中使用一些小方法即“惹殃”来报复主家。旧时，富裕人家建房，一般要在四个墙角上各放两块或四块红包银元，石匠见了十分高兴，干活儿分外卖力。

第二种说法：“立门角石”的行动，属于主家奠定家宅基础，竖立新门户的象征，对主家来说是创业的开始、发财致富的吉兆。1912年以前，大户人家把立门角石当成一件严肃的隆重的事，还要放鞭炮，在立门角石上刷以醇酒及雄黄等物。仪式结束，及时主动赠给石匠喜钱。若主家建房后，家业兴旺，主家会对立石者抱有永久性的感激。

目前，建房、造桥已不再使用石头，开山也是机械化开采，石磨、石器早已退出历史舞台，石雕、石碑的制作也是机械化加现代化，石雕艺人的“一锤一砧”更是无法生存。那些世代相传的“开山匠”“粗石匠”“细石匠”已淡出人们的视线，成为历史。

细石匠

第十节 | 木 匠

木匠，历史悠久，且家喻户晓，经木匠之手所打造出来的木制品，更是无处不在。

开木料（资料图）

木匠，是从事木工活的总称，在我国中原及淮河流域把木匠分为：粗木匠和细木匠。同时还分：水木匠、旱木匠；方木匠、圆木匠；高木匠、低木匠。排船（造船）木匠称“水木匠”亦称“船匠”；在陆地上干活的细木匠被称为“旱木匠”；专为建造楼台亭阁及高处作业以投梁竖柱为主的木匠称为“高木匠”；地面上的木匠称为“低木匠”；专门从事箍桶等圆形木器制作的木匠，又称为“圆木匠”；常见的家具制作木匠称为“方木匠”。我国在明清年间活跃于山区、湖荡区的专业制作扁担的木匠被称为“扁担匠”。在20世纪60年代以前，专门从事棺材制作的木匠又称“寿材匠”。后来，这些木匠的业务逐渐萎缩，他们的匠工活统为细木匠所承担。对地面上的细木匠而言，凡木匠行业的活，他们大多精通，有时串艺现象较常见。

木匠这一传统行业，技术性强、涉及面广，虽从业人员较多，但入行相对较难，四年学徒方可入门，摸爬滚打几十年也很难“出人头地”。真正应了“做到老学不全”的俗语。

在民间，以木匠为业的称“匠”者外，还有一部分无师自通多面手的“编外人员”，农闲时为自家及邻居干些粗糙简单的木工活，虽不属于匠人行，但部分人习惯称他们为“粗木匠”，同样受到尊敬。为了区别这部分不收工钱以助人做义务为特点，只有斧、锯、凿等两三样工具的“粗木匠”，人们把那些经过专门学艺、匠具齐全的以木匠为业者称作“细木匠”。

木匠对祖师鲁班的崇拜不像铁匠那样玄，加之讲究“三分手艺，七分工具”，故都把匠具同祖师直接联系起来，使之人相袭、代相传。因此，木匠们的习俗忌讳具有较强的承袭性和相对稳定性。在对祖师爷的信仰习俗中，部分分支木匠的“高木匠”崇拜姜子牙；棺材铺木匠崇拜诸葛亮，以达到进一步固行护业的目的。他们平时不喜欢人称他们“木匠”，而喜欢称“先生”，其目的是为了“另立门户，一枝独秀”。

木匠工具

木匠，在我国有着悠久历史的这一行业，拥有名目繁多的工具，是社会其他行业所不及。斧、锤、锯、刨、钻、凿、墨斗、角尺、曲尺等，大小成套、五花八门。光是各种各样的刨子就有几十种，什么平木刨、外圆刨、内圆刨、槽口刨、线条刨、光刨、细刨、弯刨、座刨，大到三尺有余的“板凳刨”，小到不足两寸的“镗刨”以及多片“刨舌”组成的“蜈蚣刨”等，且用料考究、做工精细，件件都堪称艺术品。木匠的锯，更是自古有之。据相关史料载：山西下川文化遗址中考古工作者发掘了距今1万年前的石锯，有的石锯带有短柄，有的柄还用木、骨镶嵌，这种复合工具的出现，标志着远古时代人类制造和使用工具。位于河南嵩山周围的裴李岗文化遗址距今七八千年，在遗址里出土了石镰，其刃部有细密的锯齿，这是把锯和镰合二为一。河姆渡文化遗址中还出土了骨锯。江苏省淮北地区龙山文化遗址中出土了带锯齿的蚌镰。大约在5000年前青铜器时代的青铜锯也在湖北黄陂境内出土。而我国最早锯的图像资料，是北宋画家张择端所作的《清明上河图》里十字路口有一修车的车摊，地上放着一把锯，那是中国最早框架锯的图像。但在那之前，木匠有锯而没有刨子，直接制约了木匠行业和木器的发展。

明代宋应星所著《天工开物》和《鲁班经匠家镜》都明确而详细地记载有刨子，而这些书都是在明代万历以后出版的，所以中国的刨子发明于明代。据国家《文物》杂志1987年第10期《我国古代的平木工具》一文载：“刨在我国约出现于明代中期以前”，它比锯的发明要晚一千多年，北宋画家张择端所作的《清明上河图》里，只有锯，而没有刨子。西方国家刨子在古罗马时期就有了，这是我们跟西方国家差距最大的一种工具。由于没有刨子，家具的制造就受到了很大的限制，据马未都著《马未都说收藏》载：“没有刨子，就没有办法刮平硬木，过去为

刨子

什么使用漆家具呢？就是因为木头刮不平，要披麻挂灰，打腻子上漆，把不平的地方掩盖住，就像今天化妆要涂粉底一样。刨子的发明，是中华木工工艺史上最重要的工具革命。在中国，因为刨子的出现，导致硬木家具迅速占领市场”。

木匠在几千年的发展过程中，广大木工匠人对匠具的使用和工作中，是有一定讲究和信仰的。据调查，木匠的习俗行规，多于其他任何一个行业。

1. 斧柄不得装满榫

木匠对斧头进行装柄时，切记不能装满铁榫眼，而只装半榫。同行之间在一起做工，若发现谁的斧头装满榫，就会千方百计给他出难题，弄他难看。若是师傅看见徒弟的斧头装满了榫，除严加训斥外，往往还要没收其斧头。

2. 不拿斧头削斧柄

农家买一把新斧头，喜欢借邻居斧头和锯子来装自己的斧头。此举在木匠之间则不可，若有徒弟用师傅或自己的斧头削自己的斧柄，一旦被师傅发现，不是批评，就是夺下他的斧头。他们的说法叫不吉利，有“自吃自”“自毁自艺”和“艺不到头”“半途而废”的寓意。

3. 斧口不准刮木、刻木

木匠专用的斧头，一般不借给外行人使用，尤其是忌讳别人用他的斧头口刮木丝、刻木皮和刻木纹。如有徒弟使用斧头口刮木、刻木，被师傅发现，多被责骂。为何？说是防止斧口“掉牙”。木匠素以爱护自己的工具在他匠中著称，尤其爱护自己的手斧。斧头被别人拿去乱

木雕

砍乱刻，最容易破口，同时，也会被同行瞧不起，说他是“半路出家”。

4. 木匠来去不离斧

在江苏的苏北等地，木匠外出做工，来去总不忘把自己的斧头带在身边。从不把斧头留在干活的主家，而其他工具则不会随身带走。人们把木匠这种习惯称为“来去不离斧”。如果徒弟空手来去，忘了带斧，师傅往往斥道：“干啥吃的！”据了解，这一现象的主要原因：①随身携带是防身辟邪用，为自己走起夜路壮胆。②是崇拜祖师爷，传说斧头是鲁班的心爱之物，也是祖师爷的象征，因木匠受人尊敬，他们把斧头随时带在身边，以表明自己是木匠，也类似于今天的名片和“职称证书”。且经常听到木匠自己唱：

斧头一响，
黄金万两。
斧头落地，
买田置地。

5. 其他规矩

锯忌倒拿与倒挂
收工定要松锯撬
专用铁锉不外借
使用刨子勿敲头
放置刨子底朝天
推刨、砍斧忌说话
停刨休息退刨舌
锛子不用也须带
榫眼忌讳手指抠
忌讳脚踩墨线勾
划纤不得随处放
角尺挂放第一位

时代在发展。木匠，这一古老而庞大的行业，与其他的传统工匠一样，早已渐失辉煌，传统的木匠已演变成现代的“木工”，五花八门的木工匠具，也已被现代化的机械所替代。木匠与木工在内涵和形式上有着本质的区别，传统的木匠是一门独特的技艺行业，大到宫殿楼阁，小到桌椅板凳，他们既是设计师又是巧手匠；木匠能广开作坊又能走村串户，而木工只能按图施工，却不能随心所欲，多数成为老板的打工者，却很难成为“祖师爷”。

写文章的作者总要在作品上署名，铁匠铺的铁匠要在自己打造的器物上留下印记，但在生活中，到处都是木匠的作品，却见不到作者的名号，即便是博物馆的镇馆之宝。他们似乎只是为了生活而劳作，规规矩矩地做人，认认真真地做事，一代又一代，默默无怨，代代相传，把汗水洒在大地上，把智慧的结晶留在人世间。

第十一节 | 泥 匠

泥匠，我国中原地区和淮河流域的俗称，有的地方也称茅匠。

在20世纪六七十年代之前，我国大部分农村，农民居住的房子大多以泥墙草顶为主，而从事这类房屋建造的匠人叫“泥匠”或“茅匠”，也有的地方称“泥水匠”。用砖、石、瓦、木建房筑楼的匠人叫作“瓦匠”或“泥瓦匠”。现在叫“建筑工人”。

茅匠与其他工匠不同的是，他们基本没有工具，只有简单的木制梳耙一把，木泥抹子一只和草垫子一块。

过去，由于经济落后、物资匮乏，普通百姓大都住在泥土墙、茅草屋顶的房子里，条件好的墙下边用石块砌成基础，以防潮、防水。条件再好的，墙就是全部由砖石砌成，桁条用江西产上等山木，而屋面则多由本地产红草复盖。这样的房子一般要住几十年而很少修理，且冬暖夏凉。

茅屋（模型）

我们的祖先，在原始时代是住在树上或山洞里，大约在进入氏族社会后，先民们开始建房造屋，当时主要是地下或半地下，靠大地做地基和墙壁。露出地面的部分是用木柱支撑泥草做的屋顶，以遮风蔽雨。到了商周时期，就在地面上开始建房，其结构仍然是土木加茅草，但不同的是，有的主人在房屋之外用墙围成院落，除了居室外，还有厨房、茅厕、井台等。贵族人家还有大厅、马厩、车房、仓库，甚至还有防御的堡垒。到了秦汉时期，已出现了烧制的砖瓦，即“秦砖汉瓦”，但百姓仍无权享用，依旧住着“茅屋草舍”，中原地区及淮河流域，从汉代到清代，一直到20世纪50—60年代，农村的居住条件也没有从根本上改变，大部分农民仍然是“上无片瓦”。

“定有居所”是人类生存的基本条件，即便是“茅屋草舍”，对广大农民而言，仍然是“头等大事”。盖房，首先是选择地点。旧时，生活再困难也要请“风水先生”察看地形，罗盘定位，一般选择高处、靠河、向阳、朝南，门不对沟、不对路、不对囱、不对屋角等，如果是前有塘，后有沟，则能“万古千秋”，若是前沟后塘，则会“家败人亡”。总之均由“风水先生”最后定夺。

茅屋

打夯

宅基确定，选择“黄道吉日”由泥匠组织人员开挖基础，然后回填用专用木夯或石夯，也称“小硪”，有的地方将“碌碡”（石磙）捆绑起来，进行夯实，也称打夯，是比较隆重而热闹的场面，打夯时一般要8个人，其中一人领夯者，夯者非大力不可，所以打夯者尽是村上的强壮劳力。操作时也正是他们展示筋骨肌肉的最佳场所。领夯者则需要头脑灵活、能说会道的人来掌握，一人领唱夯歌，其他人随声附和：“拉起夯哟，嗨哟，夯夯向前走噢，嗨哟。大家加把劲哟，嗨哟。……前面歇一歇哟，嗨哟。”“风水啊，宝地哟，建新房啊，嗨哟，孝子啊贤孙哟聚满堂啊，嗨哟。”打夯号子一般都是吉言吉语，以讨得主家的欢喜，他们也不时地相互开涮，荤素兼备，不伤大雅，于油腔滑调之中，尽显幽默风趣。同时也体现了领号人指挥打夯的高超艺术，而往往这些号子能鼓舞精神激发干劲。石夯在这轻松的号子声中上下翻飞，沉闷的变得活泼了，沉重的变得轻盈了。

基础夯好，泥匠便开始“做泥”，把泥土挖起一大片，先在上面均匀地泼洒水，待泥土慢慢浸透之后，再在上面均匀地洒上一些事先准备好的轧碎稻草作为“泥筋”，然后再赶着牛在上面踩踏。茅匠们围在四周用铁锹翻着泥土，让牛反复的踩，待茅匠师傅鉴定泥已“做熟”（有了一定的黏稠度），才可以“垒墙”。如果没有牛，就由茅匠们自己用双脚去“做泥”。

垒墙（资料图）

等泥做好后，茅匠便开始垒墙，用他们的行话叫“叉墙”。他们在垒墙时不是用锹，而是用特制铁叉将事先做好的泥块，叉到墙上，由茅匠高手负责砌墙，垒墙是技术活，也是体力活，茅匠垒墙不是连续的，而是分期进行。每期垒墙的高度，他们称作“一网墙”。每一网墙的高度也不一样，随着墙体的增高，一网墙的高度却渐次变低。每期到了一定高度，就停工，待这一期的墙体差不多被风半干之后，再叉下一网。所以，当有人问及房子盖到什么程度的时候，如恰巧是在“叉墙”时期，房主会说现在是第几网墙了。

墙垒到平“沿”高时，就开始修墙，并用木锤、木棒在墙的里外进行锤实，一些地方称“鞭墙”，“鞭墙”的程度，关系到墙的牢固性和耐久性。墙全部垒好之后，再用事先做好的“土坯”（用泥土做成长方型土块）砌“山头”。架梁、摆放桁条那就是木匠的事了。紧接着茅匠们给房顶墁（铺）草。有稻草的，有麦秸秆的，条件好的则用“红草”（适合于盖房子的茅草）。

当木匠铺好房顶的桁条，茅匠就可以开始将扎好的柴笆或柴把，铺在桁条上，再涂上泥巴，便开始铺屋面上的草了，叫苫房子。第一道工序要理草，就是把草堆上的麦草经人工一把一把地理齐，再捆成一个个小把子备用。理草也有讲究，过短的乱的是不能用的。徒弟在下面递草，师傅在上面铺草。茅匠从檐口开始铺第一层草，草要掖实铺平，用“蔸篾挤”把压着草的横条串纸篾绞紧。茅匠屁股下垫着草垫，人坐在上面将下面的草压实，然后再向前挪一步，再铺上一把草，技艺高的茅匠第一路屋檐草铺好了，人拽住草都不会从屋上掉下来。就这样一路一路的往上铺，麦草的屋面铺好后，茅匠要用梳耙将屋面梳理一遍，经他们梳理过的屋面显得更加平整好看，更重要的是下雨时沥水快，草屋不易漏水，茅草房子的优点是冬暖夏凉。茅草房通体舒泰，冬天再冷，茅屋中也是一室春气。茅草房虽然冬暖夏凉，也有其缺点。因没有窗户，草房的通风透光性很差，室内常年黑乎乎的，雨季来临房间里更是异常潮湿。有的人家为增加亮度，在墙上开一个小洞插块玻璃或塑料片当作窗户。还

苫草房

有最令人烦心的是刮风下雨，每当天上刮起大风，房顶的麦秸常被风吹走，有时风特别大的时候，整个房屋都摇摇晃晃，有的人家为防止大风把茅草屋吹倒，就用木柱子撑着，在柱子上吊上石块，碾、磙子等。

苫房

茅草房坏得最快的地方往往是顶部，经日晒雨淋，屋顶的麦草两三年就烂得差不多了，有的地方烂出一个大洞，白天在室内抬头就能看到外面的太阳；碰到雨天，外面下大雨屋里下小雨，这时需要重修屋顶。家庭条件好些的将旧麦草掀掉重盖，条件差的人家只能请茅匠在漏雨的地方铺一层麦草修一下。

盖茅草的时候，先在屋面涂上一层烂泥，目的是以此来粘住茅草。接着就在涂过泥的地方均匀地铺上约二寸厚的茅草，然后茅匠由后往前依次将茅草理顺、扒紧。这可是茅匠的功夫所在，扒得越紧，就越能断漏。好的茅匠扒过的地方，紧得抽不出一根草来。一层扒到头了，在茅草的上面再涂上烂泥，一是将已盖好的茅草压住，二是用来粘住下一层茅草。接下来，在涂好烂泥的地方再铺上茅草，再理顺、扒紧、涂泥……这样一层挨着一层，一直到屋顶。大约傍晚前后，三间茅屋就可以盖好了。

泥匠，虽称匠人，但多数没有师傅，也没有徒弟，一些心灵手巧的人，靠家传和自学为主，但又不以建筑为业，一般多属业余性、应急性劳动。服务对象是普通农民，很少有收取工钱的现象，尤其是为诸亲好友、左邻右舍建房，更不能提工钱，只求一日二餐有饭有菜就足以满足。因此，建房主家对酬谢泥匠的方式，主要体现在饭菜的招待上。一天两顿饭，两餐饭菜的质量要尽力而为，一般相当于过年过节时饭菜的标准。对那些家境贫困者，饭菜差一些，泥匠也不计较。但对家庭经济属中等或中等以上的建房主家，泥匠们吃饭是有讲究的，即一般要有鱼，同时离不开酒。经济状况好的主家，每天第二顿饭有鱼有酒当然最好；经济不怎样的，起码是开初和结尾各办一次有鱼有肉的酒席，泥匠才会高兴，这叫“开工、竣工两顿酒”。故有童谣这样说：

泥匠图个鱼和酒，
开工酒和收工酒；
没有鱼来不下饭，
吃不饱肚没劲头。

如果有条件而不买鱼，家中有鱼而不烧鱼，泥匠即视为大忌；认为主家对他们是极大的轻视。据调查，主家尽最大努力招待茅匠，大都认为：建房是大事，也是最开心的事，理应有鱼有肉。当一大盘红烧鲤鱼端上桌时，讲究的老茅匠还习惯在吃鱼之前说上一段“吃鱼喜话”（也叫吃鱼歌）：

农家草舍

鲤鱼红头又红腮，
上河游到下河来；
上河咬了灵芝草，
下河吃的山青苔。
主家常吃红鲤鱼，
人寿粮多发大财。
这次盖屋用红草，
下次必盖大瓦房。

这样，主家听后，心里十分高兴。茅匠方面也认为：吃有鱼，意味着“余下手艺来干，连年手艺干不完”。

茅草屋，这种千百年来人们世代居住的房屋，在这短短的几十年间已基本消失，取代它的是青砖瓦房和钢筋水泥结构的新农村小别墅。与茅草屋共生共存的茅匠也随之消失，留给人们的是永恒的记忆和怀念。今天人们在享受着丰厚的物质生活的同时，但我们依然向往“采菊东篱下，悠然见南山”的闲情逸致，希望拥有“故人具鸡黍，把酒话桑麻”的真挚感情，因此，一些休闲旅游景区，又出现了茅草房、茅草亭等农家情景。

景区茅舍

第十二节 | 磨刀匠

磨刀这行业虽从业人数不多，但却历史悠久。南宋吴自牧在《梦粱录》中，就有“修磨刀剪、磨镜，时时有盘街者，便可唤之”的记载，可见这一职业早在南宋时期就出现了。据曹焕旭《中国古代工匠》载：我国的明朝时期随着手工业及匠户制度的改革，个体工匠逐渐增多，北京城里的磨刀匠多是肩扛板凳，上置粗细磨石，手拿一串铁片，边走边敲；也有推着小车，吹喇叭行叫，走街串巷，沿门求顾，为人家磨刀，还为人代洗铜镜。后来，由于铜镜退出历史，磨刀匠只能以戗菜刀、磨剪子来维持生计。

大家印象最深应该是《红灯记》里，那磨刀匠扛着长板凳，以“磨剪子来戗菜刀”吆喝招揽作为接头暗号，我

磨刀匠（剧照）

觉得这一招挺新鲜挺神秘的。后来经常有磨刀匠在村口摆磨刀场子。他们用浓重的乡音吆喝："磨剪子来戗菜刀……"声音很悠长，很洪亮，又富有节奏感，就跟样板戏《红灯记》里边的磨刀师傅吆喝得一模一样，听了竟有入戏入梦般的感觉。

磨刀剪行业的祖师爷是"马上皇帝"。磨刀匠干活时总骑在长凳上，据过去的老磨刀师傅讲，磨刀剪这一行是一位马上皇帝留下的。这位皇帝原先家里很穷，只有一条长板凳和一块磨刀石，他就只好给人家磨刀剪来维持生活，后来联合众人举旗造反，居然打下江山，做了皇帝。磨刀匠因此供奉他为祖师爷，称他为马上皇帝。

磨刀（资料图）

磨刀匠骑的板凳叫"穿朝玉马"，板凳上钉着一个"几"字形，用来顶磨刀石的铁弓叫"马鞍"。据说这些东西都是那个马上皇帝留下的。每当磨刀师傅谈起此事，都会显露出一种满足，一种自豪。可有人问起马上皇帝是哪朝哪代，姓氏名谁，就无法说清楚了。

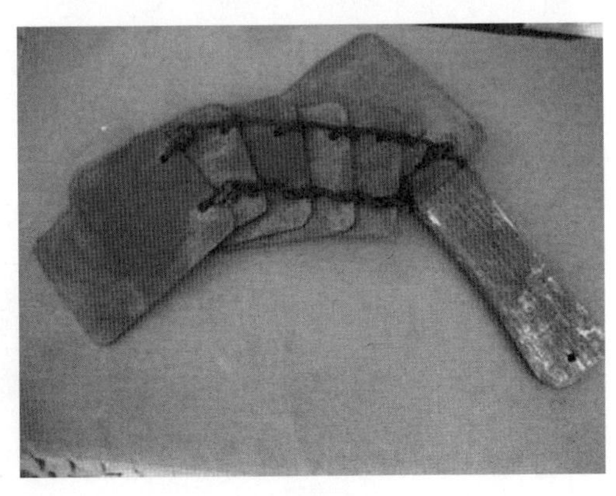

响器

磨刀匠们多半是腰前系着帆布围裙的中老年人。他们的全部家当都在一条长板凳上，一头挂个袋子。袋子里面装着几块磨刀石和一把小铁锤。粗砂的磨刀石用来开刃，细砂的用来将刀刃打磨锋利，铁锤则用来将卷刃砸平，还有一把象弓形的铁铲。他们走街串巷做生意时，既吆喝又有响器，响器就是将几块串在一起的铁片，一个木把，发出的声间柔和、绵长，传得远而不吵噪。这就是过去磨剪子磨刀用的“唤头”——惊姑。过去，老百姓穿衣吃饭大都自己做，很少到外面去买，刀剪更是身边离不了的工具。大街上，胡同里，人们常能见到走街串巷的磨刀人。他们肩扛长板凳一头放着磨刀石，另一头搭着个麻布袋，袋里装有锤子，抢子等工具，凳子腿上拴着个小水桶。边走边吆喝“磨剪子来嗨戗菜刀！”清脆婉转的吆喝声伴和着打起的铁皮串板“惊姑”“呱哒呱哒”的响声，回荡在小胡同中。市民们听到这种声音便知道磨刀人来了，拿出家中不好用的刀剪交给磨刀师傅修理。

戗菜刀

以前，磨剪子戗菜刀是修理业中最清苦的行当，磨刀人扛着绑有两块大磨刀石的板凳转游一天也挣不了多少钱，无怪有人说：“任何人怕劫道的磨刀匠都不怕。”磨刀人虽然很清贫，但他们干起活来却很实在，大板凳两端的两块磨刀石各有用途，做活时，刀剪先要在一端的粗石头上磨，然后才能在另一端的细石头上进行精磨，直至刀口锋利为止。如果您的刀具用的太苦，在粗磨之前还要先戗，磨刀匠会用叫“戗子”的专用工具将刀口附近钢铁刮下一层，以使刀剪刃口更加锋利。如果剪刀压轴松懈，他们也会根据用户要求换轴或是砸紧。为了便于检验磨刀效果，一般磨刀的都会带有一大串布条让顾客试剪来验证刀剪锋利程度以及剪刀压轴的松紧是否合适，待顾客验收满意付钱。磨刀匠人要想多挣钱就要靠“回头客”，能有“回头客”就靠技术高，顾客找你磨一次使着顺手，下次还找你，否则就是一锤子买卖。

戗刀具

磨剪子戗菜刀虽说技术简单，却是做手艺的细活。在城市里剪刀品种繁多，有长剪、尖头剪、阔头剪、圆头剪、绣花剪、裁衣剪、修

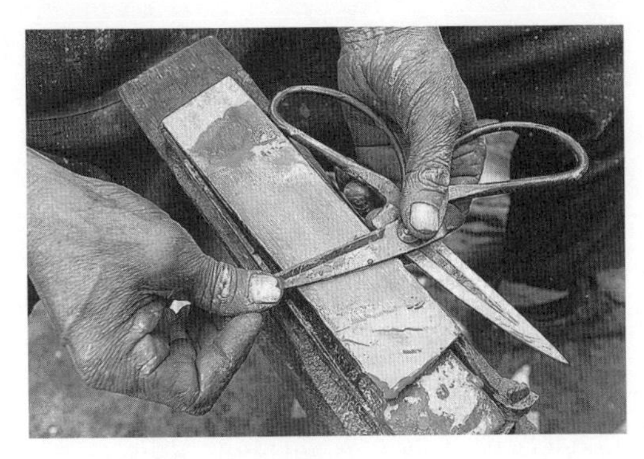
磨剪刀

树剪，还有羊毛剪、铁皮剪、理发剪等，最大的料剪三尺多长，六七斤重，小的花色剪才一寸长，四钱重。只有熟知各种剪刀的用途，才能磨好不同性能的剪刀。

一把既锈又钝的剪子，到了他们手里，经打平、去锈、磨砺等工序，立马变得锋利无比。磨剪子时，他先拆掉固定剪刀的螺丝，再找好角度，分别磨有坡度的那面。两片剪刀磨好后，再用螺丝把它们盘起来。盘好后的剪刀剪轴松紧适度，松而不旷，紧而不涩。轻轻合刃，布条迎刃而断，锋利不打滑。磨刀比磨剪子简单一些，如果刀太钝，就需要将刀刃戗薄一些再磨。

磨刀，凭的是功夫，靠的是耐心。从前刃磨到尾刃，需要来来回回不停磨十分钟。平均一秒钟打磨两次，每磨一把刀，都要经过上千次地打磨，十分费时费力。

“磨剪子嘞，戗菜刀……”悠扬的声音穿越车水马龙的熙攘，穿透大街小巷的宁静，径直抵达耳畔，宛如儿时的童谣一样亲切。

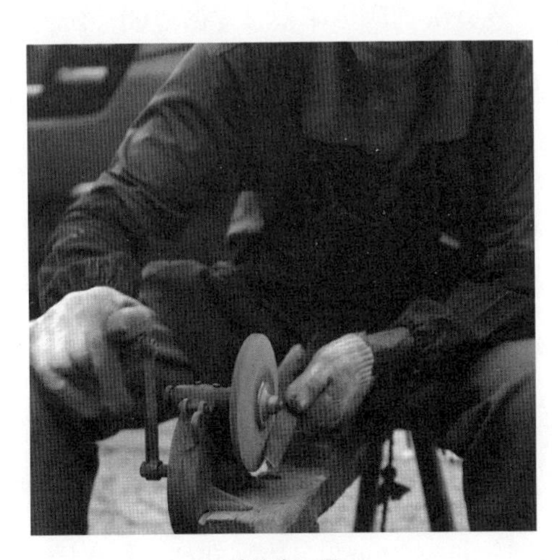
砂轮磨刀具

现在的磨刀匠在凳子一头都装有一个手摇砂轮，用它先把菜刀打薄，再上磨石磨细。不过，用砂轮打磨刀刃，容易退火，对刀的硬度有影响。磨刀匠的条凳旁边挂着小水桶，磨刀时不断淋水，以降低摩擦产生的温度。冬天，还要在小桶里放些盐，防止水冷结冰。磨刀分粗磨、细磨，磨好的刀非常锋利，不卷刃。磨刀师傅常常用大拇指在刀刃上横向试刀锋，刀快不快（锋利不锋利）一试便知。将毛发置于刀刃之上，轻轻一吹，毛发便断为两截，这便为“风毛利刃”。

飞速发展的城市，总是在湮没一些东西的同时又塑造出别的东西，这也许是城市发展的必然结果，而那些像一首动听的乐曲，余音绕梁。然而，这伴随着儿时成长的最淳朴的声音，我们还能听多久呢。

被湮没的东西是否应该慢慢被人们所遗忘？在那个物资并不富裕的年代，磨刀匠的存在见证了人们的勤劳与节约，靠着长长的板凳与几块磨刀石，为无数个家庭带去了便捷，也为无数个家庭节约了金钱。

今天，磨刀这个行当虽然慢慢消失在城市发展的背影中，但它曾经留下的印记却需要被人们记住，因为磨刀匠磨的不仅仅是刀，而是生活！

第十三节 | 鞋　匠

鞋匠，也称皮匠和皮鞋匠、修鞋匠。人类何时开始穿鞋子，无资料可查，但在我国3 000多年前的商代甲骨文中就出现了鞋字，且鞋字、靴字左边部首从革，说明古时鞋子是用皮革制成的。到了唐代，连女人穿的屐子都是皮做成的。唐代范摅在《云溪友议》一书中记有诗人崔涯一首《嘲妓》诗，诗云：

布袍皮袄火烧毡，
纸补箜篌麻接弦；
更著一双皮屐子，
纥梯纥榻到门前。

当然，皮鞋也好，皮屐也罢，这些都属于贵族和统治阶级的用品，普通老百姓可能与此无缘。

清朝之前，乡村里没有鞋匠，只是在县衙门所在的城里，有一两处制鞋作坊，有专门制鞋人做出的麻绳纳底、布面作帮的普通布鞋，专供官府当差和士兵专用。民间农人穿鞋，均由家庭妇女自做，日常用鞋，其鞋面多用细麻绳结成（俗叫卫）的鞋帮，俗称蒲鞋，或“茅窝”，统称草鞋。多数人夏天穿草鞋或木屐鞋，冬天穿“茅窝”或高木屐，且保暖、防水、经济。中上层的人常穿布鞋或布棉鞋。普通百姓一般到结婚时才能穿上布鞋。

大约在清乾隆至道光年间，即第一次鸦片战争之后，来华的外国人越来越多，西式皮鞋进入了中国，修鞋这一行当就发展了起来。出现走街串巷的修鞋匠。遇有活计，放下箱担，坐在小马扎子上进行修修补补。随之，城镇街头上，出现一种特殊乞丐，手中拿个小铁锤，口袋里装有许多大若铜钱、中间带短钉的小铁片。他们向行人或商贩索要零钱、食物的同时，“义务”为一部分穿“歪跟”鞋的人，把带钉小铁片钉在鞋后跟上，使其不再“歪跟”。

补鞋摊（老照片）

到了清末民初时，有一部分专制皮货的皮匠，喜欢在闲时使用皮货的边角料，为左邻右舍、亲戚朋友的鞋底上蒙层牛皮，使之经久耐磨。由于“脚行”的人喜欢在驴蹄上“挂铁掌子”，故有人把皮匠的这种方法称作“挂鞋掌子”或“打掌子”。时间不长，就有人既掌握了乞丐钉歪跟鞋的方法，又掌握了皮匠业余挂鞋掌的技术，两下一结合，以修鞋为主的鞋匠行这样诞生了。人们最初赠予街头修鞋者的名称叫作“掌鞋匠”。

鞋匠虽然挑着担子，做艺时有固定地点，但又不叫遛乡，也不叫开铺，是典型的“地摊匠人”。

鞋匠有背木箱的，有挑着担子的。背木箱的，比较轻巧方便，木箱中不同的抽屉里放着不同的工具，如，大大小小的铁钉、钳子、剪子、锤子、起子、楦刀、榔头、铁镇子，还有麻绳、皮绳、老弦、锥子、弯针、石蜡、皮跟、铁掌等物。此外，还有大大小小的皮子块、皮子头、破皮鞋、破皮底、旧轮胎等，都是补鞋子用的材料。最重要的还有一把铁拐子，两头是两只鞋底形的铁鸭子嘴。用的时候，夹在腿间，可将要修的鞋底儿朝天地套在鸭嘴上，修起鞋来很是方便。这把铁拐子是鞋匠的专用工具，他们都称它是“八仙”中的李铁拐所用之物。如是，这位唐代叫李铁拐的人，便成了这一行的祖师爷了。

不同种类的手艺人身上都带着自己的行业特点，打铁的面部黝黑，木匠头发里落满了灰尘，瓦匠身上沾着泥点，一看就知道是做什么的。皮匠也不例外，他的行业特点体现在体形上。大多数皮匠腿脚不好，做活时都是坐在一个半高的小马扎上，常年佝偻着身子，拱腰缩肩。终日与破鞋打交道，社会地位低下，收入微薄，一直被人视为是一种贱业。清季有《竹枝词》专写这一行：

皮匠司务真正臭，勿会做新只修旧。
圆底方盖一副担，挑着无言街上走。
近来街上皮鞋多，一破难修无奈何。
莫怪连朝生意少，得钱不够养家婆。

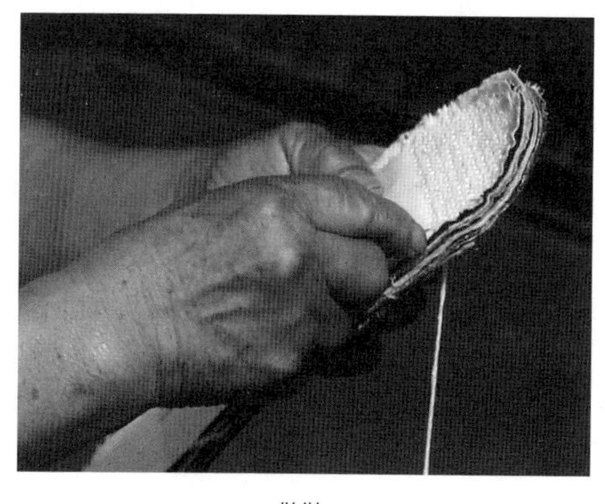

做鞋

过去，大多数农村人都是一年一双鞋，再穷，也得做双新鞋过年啊。每至新年将近之时，主妇们便会收集一些旧衣物，将其裁剪成大小不一的布片，再用浆糊层层糊起，制成薄片，然后晾干备用，民间称其为糊骨子。

骨子糊好之后，主妇便会唤来需要添置新鞋的夫君和孩儿们，依其脚形画出图形，剪出鞋底和鞋帮的纸样。然后，将纸样附于骨子上面，照样剪出数片骨子，并于每片骨子边缘包上白布边，摞在一起约与鞋底一般厚时，再用浆糊粘成一叠，晾干。而一叠之中的上下两片骨子，则要选用新的白布单面覆盖包裹，以使外观美丽而又不失节约之风。至此，便算是完成了鞋底的雏形。

鞋底的雏形完成之后，就进入了鞋底“千针万线”的加工过程。找出大针，穿上鞋底“线”，再辅以针箍、针锥，一针针，一行行，将原本仅以浆糊黏上的鞋底雏形，针脚密密地订制在一起，使其成为硬似铁板一块的成品鞋底，民间常将这一过程叫做“纳鞋底”。

纳鞋底

闲暇之时，你或许常能见着几位妇人，立在老树底下，或古墙角、小桥边，在斜阳的映衬下，一边唠着家长里短，一边不紧不慢地纳制着手中的鞋底。偶尔，你或许还能瞅见：因骨子太厚，或因针头缺油涩针，妇人们间或会将那针锥的尖儿，在自己的头皮之上，轻轻地划上两下，借用头皮之油，润滑针尖，以使针锥容易穿透骨子，让针线在穿过鞋底时更省力些。针若太涩较难穿过鞋底时，她们还会借助自己那万能的牙齿咬住拔出……

鞋匠

而鞋帮的制作则相对简单些。

鞋摊

先将鞋帮的纸样附在一张骨子与两张新布之上，剪出鞋帮，而后再分别用黑、白新布夹住骨子，再用白布条包裹鞋帮的周边缝制即成，而这一以白布镶边的过程，则被称之为滚鞋口。至此，做鞋工作就全部完成了。

有的家庭条件比较好的，也会挑个空闲日，将做好的鞋底和鞋帮，送至附近的鞋铺，再让老皮匠一针一线地缝订在一起，做成鞋子形状，以楦头撑出鞋形，喷水定形，再晾干几日。然后，一双带着生命气息的手工鞋就做成了。这一过程人们称之为“上鞋子”。

对于鞋匠来说，年前的一段时间鞋匠特别忙，是真正的夜以继日。平时，他们是颇为清闲的。给塌了底的鞋钉鞋掌，将绽了线的钉鞋重绗。他们除了修鞋，修皮包、皮箱，割皮带，外带着收旧鞋和卖翻修后的旧布鞋、旧皮鞋也修油伞，会捏拉链，会开锁。当然，这些小玩意并不足以养家糊口，不少鞋匠还是兼职的裁缝。

手工做布鞋是一件极费工夫的事，鞋底是一针一线纳出来的。手巧的姑娘纳出来的鞋底针脚密、匀、平，皮匠尤其喜欢，绱起来不费力。如果遇到骨子没晒透或面糊没涂匀的鞋底，他们会头疼的。由于皮匠生意的季节性突出，一进冬天，他们就忙碌起来了。但过了腊月二十四送灶日，皮匠铺子就不再收鞋了，他们怕忙不过来，误了人家过年。皮匠店在所有生意铺子中总是最后才关门，他们一直要忙到大年除夕。

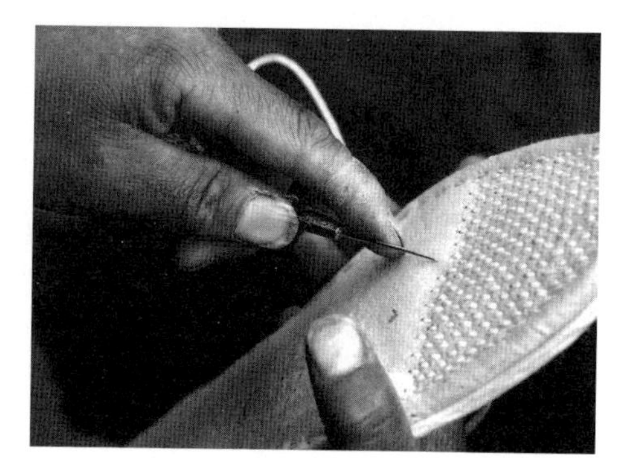
手工纳鞋底

皮匠当然是男的，女皮匠极少。这是乡风，但皮匠干的活都与女人有关。他们也糊骨子，“吃”麻线，叙鞋面布，出鞋样子。在绱鞋子时，手上也戴针箍子。绱一会也会把手中的锥子在头发上“光”一下。有人来绱鞋子时，他们会和送鞋的女人商量半天，是明上、暗上还是翻上，要不要滚边，是要圆口、方口还是松紧口，弄清楚了，就用画粉在鞋底上做个只有他自己才能看得懂的记号，连同鞋面布一起捆好，置于一边。皮匠绱鞋子很从容，也很安静，一手拿着鞋底和鞋帮，一手执一个带倒刺的锥子。熟练自如，有条不紊，极有卖油翁和佝偻丈人粘知了的风采。

绱鞋是个技术活。不同的人穿不同的鞋子，不同的鞋子又有不同的绱法，这是有讲究的。小孩子抓周穿的虎头鞋小而软，要用小号的针，缝制时斜着连上就行。半大男孩多穿松紧口，因为顽皮比较费鞋，这类鞋子得明绱，好处是鞋帮不易坏。女孩子一般穿方口褡绊鞋，明绱才好看，透着大方而本色。成年男人则是圆口鞋子居多江苏一些地方叫“一条脸”，这种鞋子要翻绱，要把线脚藏在里面，这样鞋子的空间才能最大化，穿起来轻快而跟脚。翻绱是难度最大的，价钱也贵。鞋子绱好后并没有完工，还要楦。每个皮匠铺子都有很多木质的楦子，用楦子把鞋子定型。

鞋匠与其他行业一样有着很多的习俗和信仰。

1. 开市之前忌借物

开市，一般是指做生意的人春节后第一次上街摆摊售货，叫“开市”。而民间摆摊子鞋匠对“开市”还多一种说法，即每天早上到街面口摆摊子给第一个顾客掌鞋、修鞋叫“开市”。

鞋匠摊子的“左邻右舍”一般是卖杂货、卖百货的生意人。这类人的摊点大多数是从早到晚固定的，每逢夏天，这类人一般要扯个布蓬遮阳，叫做“挡日棚”。档日棚的四个角要用钉子钉，早上上街，一般会找鞋匠借锤子、铁钉什么的，鞋匠当然乐意相借，有时甚至主动帮忙。但在早上开市之前不但忌讳别人借东西和借零钱。就是说，在鞋匠还没有为人修一次鞋子，不管是谁，皆一概拒绝。著名小品演员巩汉林和黄宏的小品《借钉》说的就是这么回事。为什么开市之前不借东西呢？据了解，开市之前借东西是“借手”。“手”一但借出，一整天的生意也就无法做了。因此，他们认为“借手”是不顺利、不吉利的预兆。

2. 鞋楦不准顾客踩

鞋匠把鞋帮子纳缝到鞋底上的过程叫“上鞋”。上鞋后要用鞋楦塞进新鞋内定型，使新鞋美观、好穿，当顾客来试鞋时，鞋匠顺手把鞋楦取出放在一边，忌讳客人将另一只脚落在鞋楦上。鞋匠一看见就会大声斥责：“你脚没处放了！”顾客如果不道歉，鞋匠多会在价钱上与你计较，叫你一肚子不高兴。据说这与崇拜祖师爷有关。

3. 接到喜鞋须询问

所谓喜鞋，是指新娘结婚当天穿过的鞋，叫“踩堂鞋”，这种鞋为红底、红帮、粉红色衬里。有人提着这种鞋来钉鞋掌时，老鞋匠一般是不会立即答应的。首先要向对方询问一下有关情况再作定夺。若是刚过门不到一个月，在喜鞋上钉钉，会导致小夫妻俩吵架甚至离婚的危险。若鞋匠不问青红皂白给他钉上鞋掌，就有责任了，弄不好有被人砸摊子的可能。

随着生活水平的提高，鞋子也发生了根本的变化，各种各样的皮鞋、胶鞋、凉鞋之类的是应有尽有。街头巷尾随处可见补鞋的摊子，生意异常红火，在20世纪80年代，穿皮鞋是件很显派头的事情，那么给皮鞋钉上两只走起路来“叮叮”响的鞋掌更是时髦之举，完成这项工作的便是皮匠了。钉铁掌、上线、缝补、粘后跟，鞋匠们忙得不亦乐乎，对那些补鞋修鞋的人有个亲切的称呼叫一声皮匠师傅，他们会很高兴的。

绣花鞋

第十四节 ｜ 支锅匠

支锅匠，用石灰、砖、土坯等砌成支撑铁锅的匠人称“支锅匠”。支成的锅叫“锅灶”，砌置锅灶民间不叫“砌”，叫“支”，含有支撑门户、创家立业的寓意，故有“锅灶一支称一户，红炉一支铁匠铺”的说法。

锅灶，伴随着人类走过了几千年的历程，距今5 000余年的浙江河姆渡文化遗址发掘出与今天没有太大差别的地面灶台，汉代画像砖上也有古代锅灶的图案。经过几千年的发展，锅的形式并没有太大的变化，20世纪五六十年代，广大农村还是以土锅灶为主。只是各个地方的形式各不相同。而不同的家庭也有不同的要求，有单锅灶、双锅灶、三锅灶；有前囱灶、后囱灶；也有无囱灶的简易锅灶，叫“闷灶锅”，这类锅灶山东部分地区较多。有烟囱的锅灶卫生美观，烟囱是穿墙而出或穿屋顶而出，烟囱高而大，吸风强，有的在灶台旁再配上风箱，烧火做饭效果将更好，被称为“高灶锅”。

灶台

支锅匠不同于一般行业匠人，没有店铺，也不摆摊设点；不须走村串户，也不必吆喝，没有专用工具。一般不收工钱，帮人支锅只能糊口，而不能养家。靠的是情意，图的是口碑。在那劈柴搂草、烧火做饭的岁月里，支锅是个正儿八经的行当。锅的好坏关系到做饭时间的长短、所耗柴草、燃料的多少及所做饭菜的质量；锅灶的美丑，关系到灶房的美观。故支锅匠既是工程师，又是艺术家。

五锅大灶台

有家必有锅，无锅则不成家，一日三餐都离不开锅，蒸馒头、炒菜、熬稀饭，有时也用来烧猪食。所以对锅的要求就比较高。要好烧，要一点就着，要不冒烟熏人，还要存火、省柴。

古时没有现代各种各样的锅，更没有现代的天然气，液化气，用煤也很少。百姓人家多是厨房边上支一锅台，放上铁锅，即形成锅灶，家里买来新锅时，要买一块豆腐放在锅里，以示来日能富有。每到做饭时点燃麦秸等柴火，缕缕炊烟袅袅的生活，延续了几千年。

支锅的日期也是有一定讲究的，与建房、进宅、开市、结婚等一样重要，老“黄历”特地规定专用日期。灶台的朝向等禁忌事项也是很多，什么锅门向东会烧干海等。

支锅，它讲究的是利用空气的流通，促进柴火在炉膛里充分燃烧，以最少的柴火、最快的速度，将锅里的食物煮熟。支锅是一门技术活，并不是随随便便谁都能照葫芦画瓢的。它有着严格的空气动力学、物理学、美学等原理在里面，计算不到位，就会导致一口锅全废了，连修理都困难，只能拆了重来。不合格的锅一般有两种，一种是不容易点火，好不容易点着了也容易倒烟，熏得烧火的人眼泪鼻涕一大把，半天锅都烧不热；另一种是跑火，这种情况点火倒是容易，就是一点着火就呼呼地从烟囱里跑走了，浪费柴火不说，效率也不高，同样非常容易耽误事。能有个“好灶头”办什么事都会得心应手。

锅是厨房的中心，也是家庭的重要设施，支锅时还要在灶台的上方设置灶王神龛来供奉“灶爷”。传说天上玉皇大帝特派“灶老爷”，也称灶王下凡，驻守灶台，负责监管一家人善恶，保护一家人的平安幸福，并贴上“上天言好事，下界保平安”的对联，供全家人祷告祈福，称为“祭灶”。每年腊月二十三、二十四，也有二十五，叫官三民四船民五，俗称“小年”。届时，灶老爷将回宫“述职”。而家主也为灶老爷举行隆重且神秘的“祭灶”与“送灶”活动，以祈求来年全家平安，五谷丰登。在灶前摆上清茶、祭灶饼、祭灶糖、祭灶糕等，点烛烧香，家主跪在锅门前祷告：“今天腊月二十四，送灶老爷上天，好话多说，坏话少说，五谷杂粮多带，一年四季保平安。”祷告毕，全家人磕三个头，将祭灶品各掐一点洒到房顶上。送走灶老爷，全家人围坐在灶前吃送灶饼，这就是祭灶的过程。鲁迅《庚子送灶即事》诗云：“只鸡胶牙糖，典衣供瓣香，家中无长物，岂独少黄羊。”

说锅灶，不得不说铁锅。因锅与人们的生活息息相关，锅也就形成了一种文化：什么“大锅饭”现象、“一锅端”形容彻底干净、手足无措时急成“热锅上的蚂蚁”；人委屈负罪时称“背黑锅”；“等米下锅”“揭不开锅”就是生活困难。在过去，锅也是家庭生活中的重要部分，是不能砸的，锅砸了，就遇到大事了，“砸锅卖铁”则意味着倾家荡产。刘绍棠在《蒲柳人家》中写道：“老人家真当是儿媳妇有了喜，满街满巷奔告亲朋好友，说他只要抱上孙子，哪怕砸锅卖铁，典尽当光，也要请亲朋好友们吃一顿风风光光的喜酒。”下决心不顾一切地干到底，就是“破釜沉舟”。《史记·项羽本纪》：“项羽乃悉引兵渡河，皆沉船，破釜甑，烧庐舍，持三日粮，以示士卒必死，无一反心。”当扬汤止沸无际于事时，“釜底抽薪”才能根本解决问题。“吃着碗里看着锅里”，形容人贪得无厌。“锅里有碗里才有”，也就是集体有个人才有。“一辈子锅前到锅后”，说的是人没有出息。“锅上一把锅下一把”，是忙得不可开交。“锅开了凑把草”，叫不需要。“炒熟的豆子有人吃，炒坏了锅没人赔”，说的是遇事不要带头。“靠锅姓煳”，表示近墨者黑。“一个锅里摸过勺子”，表示在一起共过事。“脚面支锅，

补锅

踢倒就走”，意为临时观念等。

在过去，由于生活困难，锅坏了还需要修补，所以就出现了补锅匠。20世纪五六十年代，经常见到有人用弯弯的扁担挑着两个木箱，放上专用工具，走村串户，不停地叫喊“补锅补碗啦”。当时对坏了的锅补一个口子，也就5分钱，或半碗粮食。现在的年青人，谁还相信锅、碗坏了还需要补。那是过去的艰苦岁月给老一辈留下的深刻记忆。

今天，铁锅在我国部分家庭早已不再使用，坏了更不用补。铝锅、钢精锅都被淘汰，压力锅、不沾锅、无烟锅、不锈钢锅、烙锅、钛金锅等以及叫不上名的各种高科技锅，令人眼花缭乱，并伴随中国的烹饪技术走出国门。中国人炒菜只将油放入锅里，待锅里油烧热后，将菜下入，只听“吱拉”一声响，再扒拉几下，出锅即成，中国的锅文化也伴着菜的香味在世界各地传播开来。

铁锅自古就已按标准进行加工生产，有统一的规格和叫法。即小铁锅按“张”，从2张至9张，共8个规格，“张”，意为人的口，过去来了几个人，称来了几张口，几张锅意思是供几个人吃饭用，当时因粮食匮乏，人多了就要解决吃饭问题，故把人称做口，直到现在，人们还习惯地称为“人口”。旧时，哪家生了小孩叫“又添了一张口”，意为又多了一张嘴吃饭。2张锅可供两张嘴吃饭。大锅按“筵”，有地方也叫“印”，可能是方言所致。大铁锅从6筵至24筵，共6个规格。筵：筵席也，古时一桌筵席为8个人，称“八仙桌”，6筵锅可供六桌人即大约48人吃饭用，24筵锅可供24桌人即大约192人吃饭用。买锅时按多少人吃饭就知道买多大的锅。

自古传统一直是各家各户分散吃饭的中国农民，1958年全国响应党中央号召，统一实行以生产小队（村）为单位，集体吃食堂，当时称“吃大锅饭”，据资料显示：不到半年时间，吃食堂人数占全国农村总人口的90%以上，5亿中国人民吃起了名副其实的“大锅饭”。它是中国历史上，也是世界历史上人数最多的集体吃食堂。生产队收的粮食也全部统一保管，每家大小铁锅全部砸碎用于“大炼钢铁”。江苏省连云港市农耕文化博物馆收藏有“大跃进”食堂用

“24筵”大铁锅，直径1 550厘米，锅深750厘米，它是1958年“吃大锅饭”的见证物，也是当地见到的最大锅了。古代也有可供上千人吃饭的特大锅。《天工开物》第八编载：“海内丛林大处，铸有千僧锅者，煮糜受米二石。”意为深山老林里有一寺院，有一口大锅，一次能煮两石米，大约相当于现在200斤大米煮的稀饭，供上千僧人食用。

目前，在我国，铁锅已很少有人使用，规格也不用“张”“筵”来称呼，而是直接用多少厘米。但铁锅的文化即与农耕文化一起，源远流长。

第十五节 | 弹花匠

弹花匠，是弹制棉絮的民间工匠，也称弹匠、“弹花郎”“弹棉郎”等。传统的弹匠是用专用的弹弓先将棉花的纤维弹开，使其松软均匀，用专用工具压平，然后根据不同需要，制成棉被等用棉，或作为传统纺纱原料。

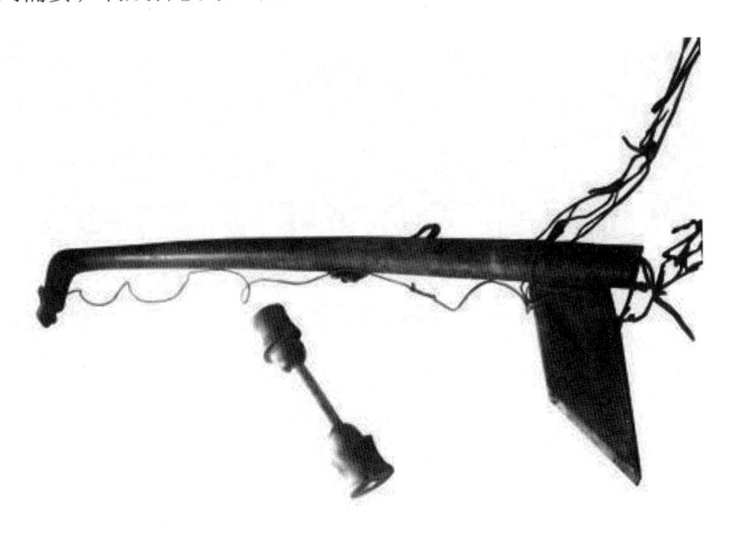

弹弓

弹匠是个很有趣的事情，所用工具也挺有特色。由硬木做成约五尺长，“7”

字形木架，用牛筋弦紧紧地固定在弹弓的两头横板上，用调节器将弦拉紧。弓杆中间拴着一根绳子，绳子的另一头吊在一根细竹竿上，固定在弹匠的背后腰间，以挂住弹弓便于操作，弹花时将去籽皮棉放于平板之上，弹花匠左手执弓，右手握弹花锤，通过“弹锤”敲击弓上的弦并将棉花沾取，棉花在弓上受到振动达到舒展、松软。随着弹花槌将手上的弹弓用力地抖动，弹弓上的牛皮筋有节奏地在棉花堆里上下翻飞，撕扯着平铺在木板上那些成块的棉花，旧棉絮就在这嘭嘭声中，像花瓣一样舒展开，松软的棉絮在弹弓四周轻舞飞扬。即便是年头久远的又硬又黑的棉絮，一经重新弹制，又洁白柔软如新，很是神奇。我们所听到的弹棉花的标志性声响“嘣嘣空、空嘣嘣”就是由它们发出来的。弹花时发出好似音乐的美妙声音，好几里以外都能听到。

弹花匠一般是两人合作，一人斜挎着的弯弓，就像一把竖琴，手中握着“手雷”状的大木棒槌，另一人提着“盾牌”状、光洁厚重的圆木墩，乍一看，好似一对背弓持盾出征的将士。背弓者一边拨得粗牛筋弦“当、当、当”响，一边猛喝一声“弹棉——絮——啦”。

手工弹棉花在我国历史悠久，相传是由宋末元初的纺织革新家黄道婆（1245—1306年，松江乌泥泾人，今上海市华泾镇）把弹花弓由以前一尺多长的小弓改成4尺多长的大弓，用牛筋弦代替线弦，而且还用檀木做的椎（槌）子击弦弹棉代替手指弹棉，这样效率就比以前大大提高，弹出的棉花也均匀细致，提高了纱和布的质量。元代王祯《农书、农器、纩絮门》载：“当时弹棉用木棉弹弓，用竹制成，四尺左右长，两头拿绳弦绷紧，用弓来弹皮棉。”元代诗人熊涧谷在他的《木棉歌》诗中写道：“铁尺碾去瑶台雪，一弓弹去秋江云。”元代诗人李昱也用诗句描绘了用弹锤击弓弹棉的情景：

铁轴横中窍，

檀锤用两头，

倒看星月转，

乱卷雪花浮。

传统弹棉絮工序繁琐复杂，首先要将棉花弹活，丝缕理清才能拢成棉被形状，然后铺底线，拉面线后稍微压实，翻转弹定型，点缀花草，书写主人姓名，就能铺另面的网线了，最后扎角，均匀的碾压成型。如果是旧棉被翻新，那还得多一道工序：撤除旧有的网线。

弹棉花

为使每个角落的旧棉絮均被震开、弹散，弹花人忽而弓下腿，忽而绷直腰，一丝不苟、不紧不慢地敲击着牛筋，凭借击打弓弦翻来覆去地把棉絮崩开震散，直至把死板的旧棉絮弹得棉花糖般的松泡，再用手将泡花调成厚薄均匀的棉被型状，方取下大弯弓，摘去口罩，然后喝口水，取了“盾牌”，将泡棉匀匀压实，一床棉絮就弹好了。

接下来往棉上网线，这就有些让人叫绝了。但见二人各立桌子一端，一人手握一大卷细线，头也不抬地用双手将线头分开，另一人在大桌那端用手中“钓鱼竿”往对面人脸前一挑，两股线就勾了过来，两人同时将线对应在棉絮上，叭的一声按断，接着又挑线、压线、掐线，谁也不抬头。一挑一送丝毫不差，宽处铺完，越往两头速度就越快，你再不用担心竹竿会不会碰了对方的鼻子伤了脸，会不会虚晃一竿钩不到线。不一会儿，经纬交织的线网就罩好了也不歇息，紧接着又铺开下一床……

弹花匠人工作很是辛苦，灰尘很重，很多人在露天作业，随便找个墙角或打个棚子就可开张。

过去女儿嫁妆的棉絮都是新棉所弹。一般人家也有用旧棉重新弹加工的。以后由两人将棉絮的两面用纱纵横布成网状，以固定棉絮。纱布好后，用木制圆盘压磨，使之平贴，坚实、牢固。按民俗，所用的纱，一般都用白色。但用作嫁妆的棉絮必须以红绿两色纱，以示吉利。如旧棉重弹，须先除掉表面的旧纱，然后卷成捆，用双手捧住在满布钉头的铲头上撕松，再用弓弹。根据被的尺寸把棉花弹成一床被絮模样，对角两层拉上丝，再翻面拉上丝，再经过多次的压、磨等工序，最后一床暖暖的棉被就“诞生”了，一般棉花要用锤多次敲打才行。从弹、拼，到拉线、磨平，看着简单，做起来却挺费时间，即使有很熟练的手艺，一个匠人一天也只能弹上一两床棉被。

有人说，弹棉花是各种手艺里比较艰难的一个，终日与飞尘相伴，有一首《竹枝词》对弹棉人的身世形容得恰如其分：

棉花街里白漫漫，
谁把孤弦竟日弹，
弹到落花流水处，
满身风雪不知寒。

棉花店里飞扬着棉花絮，弹花匠的头上、脸上、胡子上挂满了银白的绒毛，很像圣诞老人。久而久之，棉絮吸进肺里，很容易得职业病。因此，民歌中就有了一首开弹花匠玩笑的民歌：

逢到和尚不说光；
逢到太监不说枪；
逢到背时弹花匠；
咳咗咳咗扯风箱。

弹花匠除了学艺要精之外，还必须学会保护好自己的呼吸系统，这是历代师傅传艺时，要对徒弟千叮咛万嘱咐的大事，而做好这件大事，就实践一句话：少擤鼻涕！如果你想畅畅快快的呼吸，除非你不当弹花匠。为此，弹花匠就有了自己的民歌：

弹花匠，弹花匠，
有家没家都一样。

绵絮弹了万千床，

屋檐下头睡天亮。

接个堂客不坐堂，

打打伙伙吃棉花瓤。

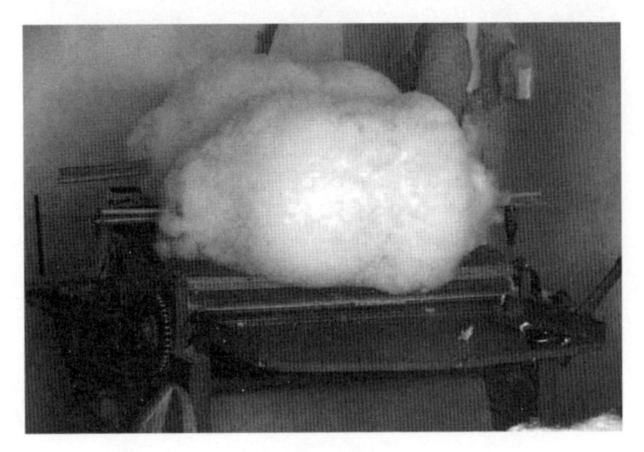

弹好的棉花

20世纪初，中国最初的木箱式弹花机是上海某公司生产的，别名弹花车：在箱子里进行弹棉花，利用牲畜进行弹花。1960年以后中国从日本引进了第一批弹花机！用弹花机取代了以人力、畜力弹花机。弹花机的弹花部位由三对木鼓组成，每对皆分为内外鼓，形如半圆，内鼓外面钉有锯条50根，外鼓里面钉有锯条40根。内鼓装在外鼓里面，安有铁轴可以转动，动力亦依靠人力踏动脚踏板，传动机构由大小飞轮、皮带盘、皮带、齿轮、滚轴等组成。工作时，先将皮棉平铺在机体盖上，用滚轴带住，然后工人踏动踏板，全机开始转动，皮棉由滚轴带入机内，依次经过三对内外鼓，经锯条摩擦后皮棉即弹松成为絮棉，随竹廉从出棉口出来，经压棉杖轻压，成为薄絮片。全过程除最初铺棉用手工外，其余均在机内完成。随着科技的发展，弹花机也进一步得到改进，加入了吸尘功能。而且还大大的降低了设备的声音。后来大型弹花机也随之产生，作为集合多款弹花机和梳棉机优点于一身的精细弹花机。它具有一次成型，开松梳理棉花，耗电低，占地小等特点。精细弹花机梳理成型的棉被柔软，疏松，贴身等特点。通过精细弹花机加工的纤维无损伤，生产的棉胎纤维都很顺溜且均匀地相互交粘着；俗称千层棉胎。但由于当时经济比较困难，机械化弹花没有得到普及，大部分农村仍然依靠传统的手工弹花。

弹棉机

从20世纪末起，因社会的发展进步，人们家里盖的被子，已经不仅仅是老的棉絮棉胎，取而代之的是品种繁多、色彩斑斓的各种各样腈纶被、九孔被、人造棉被、蚕丝被等。对于这些方便简单又暖和的玩意儿，大多数人还是认同的。弹花匠这个老手艺已经慢慢地淡出了人们的视线。

第十六节 | 窑　匠

专门从事砖瓦、盆缸的炼制统称为“窑匠”或“烧窑的”，有的地方俗称“窑黑子”等。

在淮河流域和江苏苏北地区，民间砌窑一般分砖瓦窑和盆窑两种。砖瓦窑的名称根据窑的形状而定，常见的有“蹄形（马蹄）窑”“篓形窑”和“蒙顶窑”等。如果为了专门烧砖或专烧瓦所砌的窑，一般情况下，砖窑稍大，瓦窑稍小。有时候，烧砖烧瓦可以同用一种窑。至于盆窑，体积比瓦窑还要小，一般为圆形，故盆窑又称为“团窑”。团窑是专烧瓦罐盆的，也就是陶制品。它独立于砖瓦窑之外的特种窑。

窑址

无论是从事砖瓦的烧制，还是从事盆罐的烧制，这部分人被统称为“烧窑的”和“窑黑子”。窑黑子们很辛苦，尤其是在春夏季装窑时，他们的衣褂常常被汗水湿透，故在旧时有的人干脆不穿衣服，裸体操作。内行有句俗话：“愿做三年牢，不上一年窑。”反应了过去烧窑者的生活状况。

从事烧制砖瓦的窑工，民间一般不称他们为窑匠，只对那些烧制瓦罐盆的人才称为窑匠。而真正称得上窑匠的人很少，一个小盆窑上一般只有一个正规窑匠，除窑匠外还有“帮作”和“蹬棱”各一人（当然还有其他没名称的帮手），俗称“一匠三扶”。以遛乡形式出现，专门从事卖盆罐者，似乎不应属于窑匠范围，但他们的行规行俗和窑匠一致，而与商贩又有明显的区别，民间把这部分人称作“卖瓦罐盆的”，并常与窑匠们相提并论。他们之间关系有点相似于“坐窨子”的板柳匠和遛乡的扎柳匠（扎柳匠有时也卖成品柳器），但他们又不同于补锅匠脱离铁匠，故不能把他们当作独立的行业，只能归属于窑匠业，或者界于商贩和窑匠之间。

建窑对一个地方而言，是一件了不起的事情，且属于永久性建筑，在旧时，有一定的讲究与说法。窑匠们砌窑如盘龙，故砌窑不叫砌窑，称“盘窑”。窑体一般用砖头、土坯和泥土砌垒而成，因为都是圆形，民间又称为“团窑”。

我国使用砖、瓦的历史悠久，在夏朝就能用泥土烧制砖、瓦，到了秦朝技术已达到了一定的水平，俗语叫秦砖汉瓦。各地出土的汉墓中的画像砖，已做得很精制，并能在上边做诗刻画。像万里长城的长城砖，大而坚固；亭台楼阁的小望砖，小而精制。有些砖做工考究，工艺复杂，今天都很难把握，而这些砖的制作都由砖模先制成砖坯才能

老窑洞

装窑

烧制成砖。明代科学家宋应星所著《天工开物》(钟广言注释本，1976年广东人民出版社出版）第185页载："凡埏泥造砖，皆以粘而不散，粉而不沙者为止，汲水滋土，人逐数牛错趾，踏成稠泥，然后填满木匡之中，铁面弓戛平其面，而成坯形。"这里所指木匡即为砖模，铁线弓用作砖模上口的刮平。

烧制砖瓦业关系到国家的建设，所以我国的制砖瓦业历朝历代经久不衰，新中国成立后我国百业待兴，烧制砖瓦业也出现了高潮，全国各地大建砖瓦窑场，精通烧窑的师傅，也就是窑匠成了香饽饽。建砖窑场面规模宏大，规矩众多，在当时是一件了不起的大事，建成后在烧窑之前，要举行盛大的祭祀活动：在窑的旁边搭起高台，在高台上摆放猪头、活公鸡等祭祀物品，主持人嘴里念念有词，不一会宣布祭祀开始，燃放鞭炮，宰杀公鸡，并将宰杀后的公鸡及祭祀物品用人抬着绕窑一周，并做出各种各样我们看不懂的动作，整个过程严肃而神秘。活动结束后，把参加人员的大小头目、长辈及年长者留下吃饭，当时我也跟随父亲吃一顿逢年过节都很难能吃到的"鸡、鱼、肉、蛋"俗称"四碗头"。

砖模是制砖的主要工具之一，模子做得好，掼砖坯（砖坯的加工）不吸模、不起毛，起模快，加工出来的砖坯好看质量高。窑建成后生产队（村里）的男女劳力都要轮流到窑场干活，而制坯的加工属技术活，人员也就相对固定。砖坯的制作要用不砂不黏的泥土人工拌成硬湖状，用手扒成大约一块砖大小的泥巴用力掼满放在凳子上的砖模，（一般为两斗模）再用铁弓沿模口刮平（铁弓象弓箭一样用竹片制成弓，铁丝用作弦），并将砖模上口向下，摆到平整的场地上再脱去模具，晒到半干后还要对毛坯逐块进行修整，待完全干后便成砖坯，再摆放到窑内（俗称：装窑），用煤炭或柴草烧烤七天七夜就成为砖了。如果需青砖，还需要在窑的顶部放上多只大水缸，用水管将水引入窑内进行速冷即为青砖，这一过程大约需用5～7天时间，冷却过快砖易碎，过慢则青而带红，一切全听窑匠的指挥。自然冷却即为红砖。记得当时一块青砖卖三分四厘七毫，就这样也不是百姓所能买得起的，大都用于国家和集体建设。那时候百姓盖房子都是土坯墙，屋顶用草，称做茅草屋，古代称“茅屋草舍”。后来县里办了“地方国营砖瓦场”，才有部分“有钱”人家盖上“砖石到顶”的房子。

砖窑

今天全国各地高楼大厦林立，别墅成群，而所用各种砖瓦都由手工变成机械化生产，烧制砖瓦也由过去的小窑，发展成连续式的“轮窑”。目前，建房已不再使用原始的砖瓦，而是新型环保节能的墙体材料，至于各种各样的缸坛盆罐也已被现代的不锈钢制品、塑料制品所取代，各式各样的窑也日渐减少，窑匠终将成为历史。

第十七节 | 捻　匠

捻匠，是指传统意义上专为木船修漏补缝的人，现代人们称之为捻船。可能是因为工作时手里多是捻捏着那种桐油石灰膏而得名的吧。在冬天和早春渔闲的时候，大批旧船要修理，还要建造更多的新船，这是捻匠最忙的时候。手艺好的捻匠，人们争相请艺，他们恨不得能有分身之术。捻匠的工具主要有斧子、刨子、搜锯、捻凿、圆凿、斜凿、快凿、劈凿、送凿、大钻、金铁搭子、曲尺、扯手、

捻工在工作

油笔、灰棒、送钉、缝钩等。除了这些工具，捻船必不可少的3样材料是麻绳、桐油和石灰，捻缝是个细活，又是个技术活，对捻船的要求是，针眼大的窟窿也不能有。

捻匠的第一件工作是清理船的所有板缝，行话叫“溜缝”。溜缝之后，再往板缝里填麻捻，行话叫“下麻”。用一种无刃的木凿子将麻绳沿缝隙反复敲打，使之入实牢固，再用石灰膏抹平。麻纤是为了防裂，桐油是为了粘合。这种石灰膏的制作是很有讲究的。先要将麻绳剁成单位长度一寸左右的短块。再把剁好的麻丝和着质量上乘的石灰和桐油，用斧头不断捶打，越柔软越好，直到用手捏起来不粘手才算捶打完毕。在这个过程中，麻丝是为了增加韧性，桐油是为了黏合。当每处船缝都捻好以后，最后再上一遍桐油，捻船的整个工序就算完成了。

集体排捻

造新船时，船板之间不可能没有缝隙，要达到船体无渗透，使用安全系数高，就得把所有的缝隙牢牢地补好。木工活儿结束后，捻匠即开始工作。对较大的缝隙，他们先拿相应粗细的麻绳填堵，用一种无刃的木凿子，将麻绳沿缝隙反复敲打，使之入实牢固，再用石灰膏抹平。这种石灰膏的制作是很有讲究的，先要剁麻纤，然后把剁好的麻纤和着质量上乘的石灰，在碾子上碾压，以压得越细越好，碾压也可使麻纤与石灰充分搅匀。再加入桐油调和，其干湿度和硬软度，像做馒头的面那样就行了。

若是一条大船，不管有多少捻匠一起干活，斧子敲凿的声响必须一致，不可有乱音。斧起斧落，铿锵之声悦耳，使人听了有军阵的威严之感，几里之外都能听到。捻船由里向外，先将船扣过来（要说“转过来”而不能说翻过来），捻外皮称“转运”，再正过来捻内里。开始捻内里时，主家杀公鸡，用鸡血滴迎风，燃放鞭炮，“挂红”（打红包）以后，主家大摆宴席请全体捻匠和亲戚，然后正式圆工，俗称“圆作”。

老捻匠

一艘木船能否保证不漏水，靠的就是捻工。一个好的捻工就会得到弄潮人的尊敬，被称为“师傅”和“老师傅”。在逝去的岁月，大凡以修造木船为主的船厂（或称维修队）都少不了捻工。捻工历史悠久，作用巨大。

捻工最开心的时刻是给新船捻底板，这就像乡下盖新房上大梁一样，都得热闹一番。一般小船主要买糕饼香烟和糖果，大船主还要摆几桌酒席招待。吃得高兴了，他们就有节奏的打起“排凿”叮叮当当、叮叮当当的类似乐队交响曲，那声音才好听呢！在好听的排凿声中，船主们的自尊心和期盼顺风顺水的心理会得到极大的满足，脸上都笑开了花！

捻工最辛苦的时候是水下作业，因为木船的底板和底板边缘，极易被搁浅事故顶通而漏水，拖上船台吧，没有那个条件。于是因地制宜，用绞车把船拉向一侧，使受损部位露出水面，这样捻工们就偎进水里进行作业。不分严寒酷暑，不分江河脏水，只要一声令下，捻工们就整装待发，因为，救船亦如救火，是不能拖延的。

随着木船数量逐渐减少，再加上捻匠这个职业后继乏人，使得捻匠越来越少，年龄也呈现严重的老龄化。捻匠这个传承了千百年的行业正与我们渐行渐远。

第十八节 | 砻子匠

砻子匠，是专门制作砻子的工匠，南方称“累子匠”。《新华词典》载：“砻，去掉稻壳的工具，多用竹木制成，形状略象磨”。砻以土、木、竹结合构成，其形状就像放大了的石磨。分上下两节，以竹编作围，内心夯实黄黏土，上砻夯成漏斗状以容稻谷并自动“流”入砻内。上下两节的咬合平面上，各按圆心幅射状契入坚硬的棝树木片、竹片为齿。这种坚硬的棝树木片硬度极大，也不易霉腐。又在十字架底座上竖起一圆木作轴心，上砻中腰横穿一方木，中点开洞正好套入圆木轴。方木两端伸出砻体之外，分别凿一圆孔，“丁”字形砻把手插入孔内推拉，上砻即沿轴心旋转。使用时，利用人力象拐磨一样转动砻滚子，稻谷往下流动，经过砻磨后，使米粒与谷壳分离。这种不间断连续工作，碾米效率高，米粒不易破损，它是古代劳动人民发明的碾米专用工具。

砻子历史悠久，我国从汉代起就开始使用，已有2 000多年的历史，它是人类智慧的结晶。明代宋应星所著《天工开物》载：“凡稻去壳用砻，去膜用舂、用碾。然水碓主舂，则兼并砻功。凡砻有两种：一用木为之，截木尺许，斫合成大磨形，两扇皆凿纵斜齿，下合植笋穿贯上合，空中受谷。木砻攻米二千余石，其身乃尽。凡木砻，谷不甚燥者入砻亦不碎，故入贡军国，漕储千万，皆出此中也。土砻攻米二百石，其身乃朽。”

砻子

砻子结构复杂，技术含量高，古代由专业的砻匠制作，最为关键的是砻滚子与砻盘相交的砻牙要相互吻合。做砻牙，选好坚硬的树木或老竹后，先将硬树木劈成大小宽窄相等的薄片，然后有规律地一片片镶进吻合面的黏泥中，排列成磨牙形状。做成后，砻子高3尺，直径1.5尺，重200余斤。笔者看到：砻子形状像石磨，由上臼和下臼、竹盘、推柄、支架等组成，最上层是一个广口的竹盆，用来盛稻谷。“在过去，会砻子手艺的人最吃香”，这既是一门技术活，又是一门力气活。

砻米

砻米时，将木棒的下端放进砻子上的横臂上的孔眼里，从梁上垂下来的一根绳子拴住横木柄，双手推动推手，拉着砻子做圆周运动。于是，砻子里的稻谷往下流动，经竹齿摩擦，便脱去谷壳，再从砻子的牙缝里流出白米和谷壳，沿咬合口圆周撒出，落入安置于砻子下部的环形槽内。混在一起的白米和谷壳，过一次风车或筛一次就将它们分开了。一个砻子一天可以砻300斤左右的米。

这种砻子砻出的米，当然没有现时的碾米机碾的那样白，黄黄的，叫做糙米。要想吃白一点的米，那还要通过石碓舂的工序。而且，稻谷也不能全砻成米，会有一些谷粒留在米中间。用人工将一粒粒的谷子从米中间择出来，然后才能用来做饭。

时代在发展，从20世纪70年代开始，砻子与石碓、碾子等，都已退出历史舞台。失去原有的使用功能，现在主要起收藏、展览等作用。2008年，那场冰灾导致突然的断电断交通，使许多的人束手无策，一些老碾子、老砻子又隆重登场，为一些人解了燃眉之急。

曾经为一代一代的父老乡亲砻过米的砻子，已经没有了生存的环境。理所当然，砻子匠必然成为消失的农村工匠。

民间技艺篇

第三章

CHAPTER 3

第一节 | 煮 盐

食盐乃百味之首，一日三餐，不可无盐，它与人类结下了不解之缘。古往今来，人们称盐为“国之大宝”。我国制盐历史悠久，工艺复杂多样，煮盐（海水煮盐）乃制盐工艺中较为古老而传统的一种。两淮盐场则是我国著名的海盐产地之一。

煎盐（雕塑）

汉代许慎《说文解字》说：“盐，卤也。天生曰卤，人生曰盐。”古代人工最早采制的盐，可能是海盐。传说黄帝之臣夙沙氏发明了煮海之法，所以海盐产区都奉他为制盐始祖神。宋代罗泌《路史》载：“今安邑山西夏县东南十里有盐宗庙……夙沙氏煮盐之神，谓之盐宗。”这表明夙沙氏不仅作为古代盐业的行业神被崇拜，而且还在各地建有奉祭的庙宇。

“西汉时，吴王濞封广陵（今扬州），煮海为盐”，这是两淮盐业见于史籍记载之始。盐城在西汉初，因盐置县，名盐渎，晋改名盐城。

汉武帝招募民众煎盐，刈草供煎，燃热盘铁，煮海为盐，昼夜可产千斤。唐代开沟引潮，铺设亭场，晒灰淋卤，撇煎锅熬，并开始设立专场产盐。到宋代，煮海为盐的工艺已很成熟。《通州煮海录》记载：“煎制海盐过程，分为碎场、晒灰、淋卤、试莲、煎盐、采花等六道工序。”至元代江苏沿海已发展到30个盐场，煮海规模居全国首位。特别是明代两淮盐业由煎盐发展到煮盐、晒盐。《明史·食货志》记载：“淮南之盐煮，淮北之盐晒。”

晒盐

淮盐以巨大的课税财源备受历代朝廷和政府的关注。在奴隶社会是奴隶献给奴隶主的贡品之一，在封建社会是国家的重要财源。据《两淮盐法志》载：唐、宋以来，盐课常占国家整个财政收入的1/3至1/2，而两淮盐课又占全国盐课收入之首。清顺治年代，两淮盐税收入占全国盐税总数的62%。民国时期，两淮盐税占全国盐税收入1/3以上。因而在经济不发达时代，封建统治者都把发展盐业作为充实国家财源的主要手段。

熬盐

根据盐的来源，中国古代的盐可分为海盐、湖盐、井盐等几大类，每一种盐都有不同的生产工艺。明代宋应星的《天工开物》用了大量篇幅及插图介绍古代制盐的生产工艺，说明制盐技术在我国的明代以前就已经相当成熟。

煮盐是制盐的一种，以海水煮盐，又叫煎盐、烧盐、熬盐、煮海和熬波等。因新煮之盐粒细小，又名小盐或熬小盐。煮盐从有铁器开始，延续几千年，明末清初与板晒、滩晒仍并存一段时间，直至20世纪40年代末才绝迹。以盐城、海州为中心的淮北盐场曾长期以煮盐的方式制盐。煮盐过程，民间概括为以丁为主，以场为基，以卤为本，以草荡为资，以铁盘为器，以皂角为引，以灶房为所，这7个要素缺一不可。经过几千年的演进，从海水到成盐，要经过8道工序。

海滩盐场

建亭场，又叫晒场、灰场。在涨潮时潮水不及的近海滩涂上，选择地势稍高，表面平坦光滑，卤气旺盛的地方，经过整平压实，作为亭场的面。面又是场的计量单位，一面的面积为五六亩、十来亩、二十亩不等。场边用渠引进潮水，俗叫拿潮，渠上每距一两丈处挖一塘俗叫汪塘，以便存水取水。

晒灰，以煮盐烧火后尚未燃烬的红热草灰，堆在亭场上，用引进汪塘的海水浇熄，熄后大部分成黑炭俗叫存性，摊在亭场上暴晒，其厚度为一平方丈十担灰，小的场可晒几百担灰，大的可晒数千担灰。每次摊晒灰前，除向灰上浇海水外，还要向场面上浇海水，使灰在暴晒蒸发过程中既保存本身的盐分，又不断吸收场面上的卤气增加盐分。草灰除自然消耗外，从无淘汰，日积月累，灰多卤多盐多。

灰坑、淋卤、卤井。晒场上以一亩面积筑1～2个灰坑，视灰量多少决定坑的大小，一般在晒场地面上筑一丈直径二尺高围壁为灰坑，其型或方或圆，壁要加厚不漏卤。灰坑、淋卤、卤井一般均为几代人沿用，且不断维修，有的一坑一井，有的

古代制盐场景（雕塑）

两坑或三坑一井。一般在下午将晒好的灰收积于坑中，占先将槽口上铺严芦苇、茅草、稻草等，保持槽内通畅。凭经验在灰坑上浇积海水，使海水慢慢透过灰层，经芦苇过滤，淋入槽中，通过竹筒流进卤井。第二天黎明把灰从坑中起出摊于晒场，进入第二轮晒灰淋卤。将灰入坑叫收灰、出坑叫起灰，撒在晒场上叫摊灰。

莲子、鸡蛋试卤。卤淋聚在井内，要试验是否符合煮盐标准。传统的试卤方法，一是用莲子，将莲子放在卤中，莲子浮出卤面，浓度符合煮盐标准，沉入卤底的浓度低，不能煮盐。莲子半漂不沉说明浓度不够。二是用鸡蛋。当鸡蛋横浮卤面，浓度为正好，竖浮卤面时，浓度稍差，若半浮不沉说明浓度很低，不能煮盐。卤的浓度太高，煮时出盐多，但“色气”即盐色不白。浓度较低时费火出盐少，盐的膘水不足。经试验浓度太低不能煮盐要重新浇灰。淋卤煮盐均在春夏秋三季，冬季芒硝太多，结晶困难，不宜淋卤煮盐。

除煮盐还有煎盐，用官府铁铸盘铁（当地称鏊子）发给盐民使用。盘铁由厚五寸左右的若干块铁板拼成直径一丈左右的平盘，中间一块叫主铁，其他叫月铁，一块月铁又叫一角，每角三至五千斤不等，成盘的重量达一两万斤，将铁盘架高二至三尺，下边烧火，若干灶民各以一角浇卤煎盐，俗称团煎。因铁盘大而厚，烧热一次不易，每次点火后要连烧十几天或一个月。用铁盘煎盐因费时费力，且效率低，早已退出历史舞台，工艺与设备也已失传，连云港市淮盐历史文化研究会的老专家以及有一定技术的制盐师傅，仍为传承消失的煮盐这一古老而神奇的制盐工艺而探寻，揭开千百年的神秘面纱。目前，江苏省灌南县历史博物馆还收藏一块清代铁盘（鏊），供后人参观。

在20世纪五六十年代，笔者经历了艰苦困难的三年自然灾害，常年缺衣少食没有盐，我们小孩主要任务是挑菜（割野菜）拾草，大人则利用古老的方法，在不能种庄稼的盐碱地里铲土淋卤，以卤作盐，这算起来也是一种制盐的工艺。

当前，过去各种各样的制盐方法，早已被现代化的制盐技术所取代，加之海水淡化，近海污染严重，以海水取盐已日见萎缩，盛行几千年的两淮盐场，已不见当年盐池有序、盐堆成山，车船拥挤的繁忙景象，取而代之的是杂草丛生的盐滩与制盐遗迹，那些世代以盐为生的老盐工，还不时地来老盐场看看，以缅怀当年的制盐情景。历经沧桑的制盐历程，它不仅仅是一段历史，更重要的是它以一种精神流芳于世。有着千年凝重与卓异的淮盐文化，表现出种类繁多的盐俗事象，而且对其所涵盖的社会内容和人文意境表现出浓厚的地域色彩，其非凡的气韵与魅力，令人叹为观止。

第二节 | 轿　夫

轿子最早记载见司马迁的《史记》，说明早在西汉时期就已经有轿子了。到后唐，始有“轿”之名。北宋画家张择端所作《清明上河图》里有抬轿的图，那时轿子主要供官府使用，到宋朝高宗时，曾一度禁止官员乘轿的有关禁令，自此轿子发展到民间，成为人们的代步工具并日益普及。

古代抬轿图

轿子，是需要人抬着才能上路的，同时人更需要别人抬举，才显得高贵与自信。“花花轿子人抬人”，表达的正是这层意思。在隋朝，为彰显对人材的重视，凡考中的举人、进士都要用轿子迎接。婚配是人身一大喜事，许多人便把婚配看着“小登科”，觉得和考取功名一样光彩，便让出嫁的姑娘坐上花轿潇洒一回。

花轿（剧照）

中国的轿子曾流行于全国，因时代、地区、形制的不同而有不同的名称。如肩舆、檐子、兜子、眠轿、暖轿等。现代人所熟悉的轿子多系明、清以来沿袭使用的暖轿，又称帷轿。木制长方形框架，于中部固定在两根具有韧性的细圆木轿杆上，轿底用木板封闭，上可坐人。轿顶及左、右、后三侧以帷帐封好，前设可掀动的轿帘，两侧轿帷多留小窗，另备窗帘。历代统治阶级都曾制定过轿子的形制等级，体现在轿子的大小、帷帐用料质地的好坏和轿夫的人数等方面。民间所用的轿子分素帷小轿和花轿两种。前者系一般妇女出门所用之物，后者则专用于婚嫁迎娶，称之为花轿。到了清朝，轿子在种类上，有官轿、民轿、喜轿、魂轿等不同；在使用上，有走平道与山路的区别；在用材上，有木、竹、藤等之分；在方式上，有人抬的和牲口抬的。轿子分二人抬的称“二人小轿”，四人抬的称“四人小轿”；八人以上抬的则称之为“八抬大轿”等。

八抬大轿（资料图）

轿是一种常见的短途代步工具。有了轿就得有人抬轿，而抬轿的人被称着“轿夫”。

抬“官轿”的轿夫，一身青衣小袄，或便装或官服，威风凛凛；抬“花轿”的轿夫则长袍马褂，或红衫彩冠，风流潇洒。

轿夫，它既是一门行业，也是一种手艺，既是一种手艺，那就不是所有的人都能抬的。轿夫除了要有身材魁梧的形象，足够大的力气，更要有一定的技术，算得上是张飞绣花，粗中有细。轿夫们在抬轿时有一人指挥，快慢一致，步伐协调，配合默契，即使快速行进，也能不颠不晃，保持平稳。轿后的轿夫，视线被轿身遮挡，看不见路面，为防发生滑跌等事，轿前的轿夫时而示意。他们之间有一套术语，前面喊一句，后面复述一句，以示“知道了”。如前面喊“左门照”，意即左前方有障碍物；“右蹬空”，意即右前方地方有坑；“左脚滑”，意即左前方地面有冰。又如，前面喊：“右边一朵花”，后面应：“看到莫采它，实际是右边地面上有一堆马粪，不要踏在上面。

抬轿也有一些行规习俗，因抬轿的时间太久，轿夫须停轿休息，但规定抬新娘的花轿必须落在备好的芦席上，若在路途中或女家门前须落轿，轿夫可以每人脱鞋一只，垫在轿的四角，即可落轿休息，称为垫轿。轿在途中，轿夫有意摇晃轿子或上下颠簸轿子，使新娘坐卧不安，戏闹取乐，作为对新娘子迟迟不上轿的惩罚。倘若过分，新娘就将轿内盛灰的脚炉踢出轿门，以示警告，抬轿夫就不敢再恶作剧了，这叫摇轿和颤轿。

花轿要尽量挑吉兆路过，如多子街、金元巷之类。如遇坟墓或寺庙，要用红毡在喜轿两侧拦挡以避邪祟。若遇出殡队伍，则男女两家宾客都要高喊“今天吉祥，碰上宝财了”，用“材”的谐音以求吉利。花轿进入男家门，要从院中火盆上抬过去，象征以火祛邪。落轿时，轿门要正对喜神的方向。

抬花轿

昔日嫁女认为用花轿迎娶才是明媒正娶。官宦和富商之家，一般都备有轿子，养着轿夫。普通人家用到轿子娶亲或走亲访友，则需要到轿房租用。轿房备有规格不等的轿子并雇着轿夫，其穿用的衣服、靴子、毡帽等皆由轿铺准备；普通民用轿子一般有二人或四人抬两种，租用必须提前一二日预订。轿房向主顾收取租轿钱和脚力钱，脚力钱是按路程远近和天气好坏来计算的，轿夫还可根据坐轿人的情况向其索取一些酒钱。如去参加祝寿或婚礼，除了临行前支付租轿钱和脚力钱外，到了目的地，雇主还得给轿夫贺喜钱和酒钱，现在叫小费，这笔钱与轿房无关，由轿夫们自己分享。

官员所乘的轿子，有四人抬和八人抬之分。如清朝规定，凡是三品以上的京官，在京城乘“四人抬”，出京城乘“八人抬”；外省督抚乘“八人抬”，督抚部属乘“四人抬”；三品以上的钦差大臣，乘“八人抬”等。至于皇室贵戚所乘的轿子，则有多到10多人乃至30多人抬的。此外，乘轿还有一些其他方面的规定，处处显示着封建社会里森严的等级制度。

清代规定皇帝出行一般要乘16人抬的大轿，郡王亲王可乘8人抬的大轿，京官一二品也只能乘4人抬的中轿；外官总督、巡抚舆夫8人，司道以下教职以上舆夫4人，杂职乘马。由以上可知，作为七品官的知县，只能乘4人抬的轿子。由于官轿是权力的象征，因此出轿仪式也异常威风，如州县官下乡巡视，乘4人蓝轿，有呵道衙役在前鸣锣开道（敲三锤半），扛官衔牌的顶前而行，衙役捕快高擎州县官通用的仪仗，“青旗四、蓝伞一、青扇一、桐棍、皮槊各二，肃静牌二”，前呼后拥而行，百姓见之必须肃静、回避。

在古代，因没有规定官车的公私使用之分，一旦工具派发下来，完全供主管官员个人摆布，成了绝对的私人用品，容易助长腐败与奢靡的风气。明清时期，坐着八抬大轿赴酒楼、逛妓院的官员不在少数。同时，古代官车数量庞大，成为严重的财政负担。庞大的官僚机构因交通工具占用了大量国家

官轿（资料图）

财富。比如清朝开国后，准许汉大臣乘轿，但都城区域广大，官员住宅距供职单位都很远，若要乘轿上下班，得准备两班轿夫中途替换，一班轿夫抬轿时，另一班乘大板车随后。计算下来，养一乘轿子的年度开销需要数千两银子。

第三节 | 造木船

中国有着辽阔的海疆和众多的河流湖泊，我们的祖先很早就发明了舟船，有着悠久的造船历史，在新石器时代就已制造了独木舟。浙江余姚河姆渡遗址出土的木桨，表明中国至少已有六七千年以上的造船历史。中国逐渐形成一套独创性的造船技术工艺传统，在相当长的历史时期内中国的造船技术居于世界领先地位。

从北宋画家张择端的《清明上河图》中，我们可以清楚地看到，在汴河里行驶的有不同类型的船舶，其中有漕船、客船、货船、渔船等。客船在构造、形态上与货船的重大区别反映了北宋的造船水平。

古代漕河行船情形

在过去，制造木船是一件了不起的大事，且非常有讲究。古时造船前首先要做好五件事：相面、择匠、择地、择日、祭祖。

相面。这是船主在造船之前所做的首件大事。古时船主在决定筹划造船之前都要先请相面先生相面，如面相“宜于造船生财”，就可大胆准备造船，反之则放弃此念等时来运转再作筹划。

择匠。造船准备期间，船主要选好三大匠（木匠、铁匠、捻匠），标准是技术好、人品好，工头（技术总负责人）生辰八字要与船主相合，如相冲，必须另选工头。

择场地。既要考察便利因素，又要考虑安全因素。标准一是临河、海的高地，船造好后易于滑到水里。二是在滩上围一个干塘，俗称旱坞。周围用堤圈起，防止潮水冲灌，等船造好后，掘开堤坝，挖一道沟（俗称龙沟），引水使船下水。三是在龙王庙附近选择场地。船造好后在地上铺高粱秸，泼上水，将船拉下水。据说在海滩造船有海神保护，在寺庙周围造船有庙神保护，任何妖邪近前不得。

择日。一切安排就绪，要请识晓周易的风水先生或走街串巷的算命先生查一个好日子，然后开始收拾场地。收拾场地要先安排好各作业场，围好周围堤坝，确定好船的主体安放位置及朝向等，并安排好工人的食宿房舍。

祭祖。是在动工的前一天举行，被称为谢祖灵。意思是因为祖宗有德，子孙才有财力、有志气造船，祈祷祖上保佑平安。祭祖时，船主备三桌酒，照例是鸣炮、点烛、烧香、敬酒、焚纸、三叩九拜。这三桌酒宴在祠堂内或家中举行，宴请族长、房长等地方权威人物和近亲，为的是得到大家的支持。

造船按工序进行，先要备料。一条大船（二桅）建造需要半年时间，木匠备料就得几个月。因为造船用料很讲究。做肋骨、拉木，要用硬木中的槐树、柏树、榆树、柳树；做船外壳和舱板等，要用软木中的松树；桅杆要用杉木；舵杆要用家槐。

造船要先制作船的大部件，然后组装。做料工序进行一段时间，便举行上墩仪式，亦叫“铺墩”，三桅以上的大船叫支龙骨。这是船体组装的开工仪式，因

木船骨架

而要择吉日。是日，船主摆供，上香焚纸，燃放鞭炮，向海或河而拜，祈祷诸神保佑造船顺利。木匠将中心肋骨按要求固定在船底板上，将船的基本轮廓摆佈出来，此为“铺墩”。肋骨安好，船体的组装正式开始，这一日船主要设宴宴请木匠及铁匠、捻匠以示庆贺和勉励。

以上工序完成，便是“上拉”。“拉”是木船两舷起拉力作用的从船头拉到船尾的整根圆木，每边三根，从上往下依次为“二拉”“大拉”“三拉”。大拉在中间吃力最大，二拉在上边亦叫顶拉或锁口拉。“上拉”一要有力气，二要有技术，“拉”安装得好坏直接关系到船体结实与否，因而上拉时船主要到现场分烟、分糖、放鞭炮，晚上也要设宴庆贺。

上拉之后便开始做船面与舱。先安前后拱梁，拱梁用于支撑蒙子（甲板），后舱三道，前舱两道，浅弧形，硬木制作。并固定桅杆面梁，以稳定大桅，还要做好舱下的“金刚脚”（在船底插桅杆的窝槽。金刚脚“前后与两个脚梁紧紧相扣，用以固定桅根）。然后在船的后尾上端安装上舵梁子，舵梁子中间有凹槽，可以稳固舵杆。

接着铺设甲板，叫“压蒙子”。甲板铺好，要安“虎头”。“虎头”是安在船的最前沿上端的横木，上面装有“虎牙”用以稳固锚缆。稍大一些的船，有后艄楼子，因而要装“山座”。“山座”也叫“燕翅”，在船尾两侧，三角形，向上翘起，由“后梢板”和“后护水板”组成。两“山”顶端，有横木连接，此横

即将完工的大船

木叫“担梢梁子”，用以搁放大桅。“担梢梁子”之下装“绞关”，用来提舵与下舵。接着要安“兜腚板子”。“兜腚板子”用多块竖板拼排而成，吊在担梢梁上，成一悬空小平台，为掌舵、坐息之用。然后做舱盖，舱盖俗称“锁封”，两舱盖之间要有“流子”，便于排水。

船体基本组装成型后，便“上金头”和“雕龙眼”，上金头即钉上船头迎浪的面板。“金头”是斩风劈浪的“出头椽”，因而必须是木质坚硬的槐木或榆木板。金头在最后组装，上好金头，船的主体即算基本完成。

木匠最后为船做眼睛（雕龙眼）。金头两侧船的一双眼睛，称之为“龙眼”。龙眼要用黑白色彩涂描，中间涂从公鸡冠子上取来的鲜血。龙眼中心各钉一个钉子，谓之“元宝钉”。做龙眼要选择吉日，时间不能与船主生肖八字相冲。做龙眼的树木古时必须是乌龙树，据说此树原是龙王手下的龟将，用它做的眼等于有龟将引航。龙眼内必须垫入有帝王年号的银元和铜钿，表示龙眼已受帝王封敕，龙王也无法刁难。钉龙眼必须在上午辰时。龙眼钉好，还要用船主从庙里求来的“开光牒”贴在船眼上5～7天，为木龙育眼神。最后船主在船上摆供，祭拜观音，祭毕把观音像移入新船舱的神龛中，每日香火不绝。龙眼必须是工头亲自雕刻，别人不得插手。龙眼大小要与船体比例适中，不能过大或过小。龙眼钉好后，船主要给工头一个重重的红包作为褒奖。

船体基本完工，木匠师傅开始立船桅。桅杆有大小之分。造大桅俗称“请大将军”。大桅一般高11～12庹（音tuó，成年人张开伸直双臂的长度为一庹，大约为5尺）。桅根为四方形，安坐在桅窝子（金刚脚）里，前面依靠大面梁、二面梁，后有大档、二档和桅夹子支撑。在金刚脚处填进缝隙之间作塞子用的木块叫“点”（亦叫好汉子），因吃力最大必须选用结实的枣木、槐木，以固定桅杆。桅顶部置木滑轮，便于升降船帆。桅最顶端设桅旗（龙旗），旗飘可辨风向。

船的小桅俗称“二将军”，亦称头桅，树立于船前首，以圆杉木为之，无桅夹，有桅窝。行船，跑长途，风力适宜时，把大桅张帆，短途、拉网作业、遇大风时把小桅张帆。

编舵，是造船过程中木工最后的一道工序。船舵是船的根本，渔家特别

捻船

看重，俗话说“舵是船的根”，又说“秤不能离砣，船不能离舵”。船舵由舵杆、舵扇、舵牙组成。舵扇由数块板拼作，用“铁扁担”（横穿在舵板中心起拉力作用的扁长铁筋）配麻坯和“枣核钉”暗接。舵杆要用家槐，分别用四五道铁箍套紧。舵牙用以左右扳舵。普通舵牙为弧形，短而弯，使用时不妨碍摇橹。太平舵牙粗大，用于有大风和跑长途时之用。

当木工开始做桅、舵的时候，捻匠师傅便开始了紧张地捻船工作。捻船是用桐油拌生灰和麻丝，将船缝捻紧，使其不漏水。并把船体上的钉眼处理好，做好防腐。一条船木工很少用卯榫，几乎全用铁钉连接。到底用了多少趴头钉、扒钜钉、枣核钉、长短直钉，谁也记不清，故有俗语：“天上多少星，船上多少钉”。这些钉头都不能暴露在外边，木工要把这些钉子头作暗处理，捻匠则要用桐油将这些钉子涂好，然后将缝隙用麻丝捻紧，用石灰膏将缝隙抹平，使钉子头隐藏在船体内。捻过的船体上，除了横缝，一排排的竖缝也错落整齐，用石灰抹过后，远望如新砌的砖墙一样美观。

捻匠用的工具是斧子和凿子，但斧是钝斧，不能砍，只能砸；凿是钝凿，不能凿木，只能捻缝。他们的拿手绝活是“排子斧”。当新船体造好后，一溜排开十几个捻匠，围住船体，开始捻船。这时，领工捻匠首先用斧轻敲捻凿“砰—砰”两下，接着十几把斧便一齐和着节奏敲击捻凿，“咚咚咚”，将麻丝和油灰捻入船缝。就这样“砰—砰、咚咚咚”“砰—砰、咚咚咚”反复进行，而且不断变换着“鼓点”，像是劳动号子，又像是铿锵的音乐。飘荡在造船场地上空，令人格外振奋。捻船完成后，再进行最后一道工序——船体刷油，一艘新船即宣告竣工。

新船落成，要起船名。起名一般在落成典礼的酒宴上，请木工工头命名，也有请懂文墨者查阅资料定名。但不管怎样，新船一旦命名，哪怕几经翻修或拍卖，名字都不可改变。

一切完成之后，就要举行下水仪式，这叫“开光”。“开光”要择吉日。是日，船主在天亮前到船上焚纸、烧香、放鞭炮，将红绿布条悬挂船头，向海龙王致敬。备两只大公鸡，一只在船头处开刀，鸡血从船眼流下，染红船头，这叫“开光”，又称“挂红”。江苏苏北、山东东部一带称此举为“灌带”，也称“染龙眼”，表示该船像龙一样睁开大而亮的眼睛，保佑渔家平安吉利、生意兴隆。另一只公鸡放掉，谓之“放生”，意即遇上海难也可免于一死。开光后，即可试船，俗称“下河”。“下河”时，除上香、焚纸、大放鞭炮外，还要在新船上插上亲朋送的旗，或插上摇钱树（带叶的青竹子）。亲朋邻里聚集岸头，欢送新船下水。开光的另一内容，则是宾朋贺喜。新船下水，就跟儿女结婚一样，要事先发请柬，诚邀亲戚朋友前来贺喜。古时有的送贺款，有的送布匹（6尺花布），表示六六大顺。船主同时邀请村内有名望的族人与亲朋一起共同参加开光仪式，然后一起登船试航，等试航完毕，大家上岸，船家举行隆重的家宴，庆祝试航成功，致词答谢匠人师傅，并向亲朋宣布新船名字。

晚上，船主还要祭海，敬龙王、海神娘娘、风神、鱼神，并在新船上住一宿，这称之为“压船”。

自此之后，这艘新船便可乘风破浪，开始了扬帆耕海的生涯。

第四节 | 更　夫

更夫，是古代民间专门在夜间敲竹梆子或锣为百姓报时的人，这些人俗称更夫或打更，类似于现在的巡夜工作。打更人习惯上也被称为打更佬，由地方政府委派或由街坊，店家和地主等集资雇请，有的以月薪计算，有的则是逢年过节由地方上凑一些钱或米粮作为报酬。打更是分地区进行，按一定路线行进。由哪一街坊雇用就在这一地区打更巡逻。他们穿着马褂，提灯笼，持铜锣沿街叫喊、敲打并鸣锣通知："咚！——咚！""天干物燥，小心火烛！""关好门窗，早睡早起！"……

打更在我国历史悠久，古代因缺少计时钟表，因而夜晚只有用打更报时来提醒人们时间的概念，以给人们生活和生产劳动带来方便。对于今天的现代人来说，掌握时间就没有必要用打更的方式来报时了。

打更除了报时之外还有一个重要作用，就是防火和防盗，防止意外，有着巡逻的作用，提醒居民注意提高警惕，万一有事可以及时叫醒居民出来采取措施，保障民众的安全，旧时的打更人，一夜巡视多次，确实对社会治安起了很关键的作用。

打更所用的工具，《周礼》说，"夕击柝以比之。"辞海的解释为"夜行所击木也。"至于柝的形状和现代普遍用的梆子相同。梆子，是一块结实木头制成，中间挖一条缝，用一根实心的木棒敲击发出梆梆声，在今天的戏剧中很多也作为主奏节奏的乐器使用，过去有些地方戏曲甚至用梆子作为代表性的名称，如河北梆子，河南梆子，南方的绍兴大板，越剧又称"笃板"等。梆子也有用竹筒制成，发出洞洞的声响，这些单调的声响都可以发至很远，更夫通常两人一组，一人手中拿锣，一人手中拿梆，打更时两人一搭一档，边走边敲，"笃笃——咣咣"。打更人一夜要敲五次，每隔一个时辰敲一次，等敲第五次时俗称五更天，这时鸡也叫了，天也快亮了。

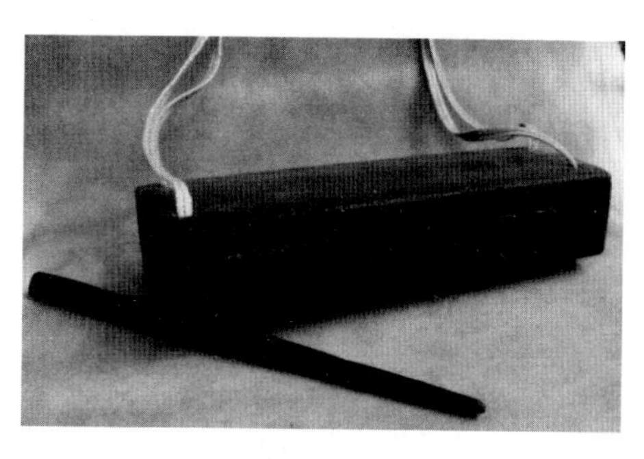

打更工具

古代打更人不论刮风下雨，准时打更，且基本准确无误。但他们何以准确把握当时的时间进行打更报时？据史料载，打更人通常用一种传统的燃香计时方法，入夜先点上一炷香，当一炷香燃尽时便是头更，他们开始出外打更，转一圈再燃上另一炷香，自己倒头便睡，他们习惯，这一炷香快点完时便会醒来，再出去打一圈更，回来再燃一炷香，如此重复五次一直到天亮，完成了一夜五个更的时段。这样的计时，并不是十分准确，但也不会差得太多。

古代用五个更来划分一夜的时段，从下午7时（19时）到凌晨3时，每两个小时为一更，一夜分为五更。何为更？中华辞典载：更，旧时夜间计时单位。当暮色苍茫的时候，打更人的梆声便在街头出现了，这是头更，第五更又称尾更或散更，这时的梆声是密集而击，表示天快亮了，催促那些日出而作的人尤其是耕作的农民起床，我国勤劳的劳动者习惯于天没亮就起床，开始劳作的一天。三更天是午夜，所以俗语叫半夜三更或三更半夜。按声音的节奏来区分五个更点是：

打头更（即晚上七点）时，敲梆快慢一致，连续均匀敲打，声音如"咚！——咚！""咚！——咚！""咚！——咚！"

打二更（晚上九点），敲两下停一下，连敲多次，声音如"咚！咚！""咚！咚！"

打三更（晚上十一点）时，要一慢两快，声音如"咚！——咚！咚！"

打四更（凌晨一点）时，要一慢三快，声音如"咚——咚！咚！咚"

打五更（凌晨三点）时，一慢四快，声音如"咚——咚！咚！咚！咚！"

总体来说是由慢到快，每更连打三趟便收更结束。一更从晚上七时到凌晨三时，共五更，但为什么又没有六更（凌晨五时）呢？因为古代人民早睡早起，五更一过便开始起床做家务了，"一日之计在于晨"嘛，就连皇帝也在五更过后便开始准备上朝了。

打更的历史源远流长，据说是起源于原始的巫术，主要起驱鬼的作用，那可是受人尊敬的巫师才有资格来打的，所以在很多文学作品中都保留了打更驱鬼的习俗。如著名的《红楼梦》就有这样一段描写"晚上吴贵到家，已死在炕上。外面人人因那媳妇儿不妥当，便都说妖怪爬过墙吸精而死。于是老太太着急的了不得，替另派了好些人将宝玉的住房围住，巡逻打更……"。

旧时打更人中大多为家境贫困或年迈老人担任，也不乏有名人物，如孙中山先生的父亲就曾经是打更的，在孙中山南洋纪念馆里，至今还保存着其父打更的物品。

在民国时期，打更算是个较为普遍的职业，一般城市都少有钟表，晚上的报时就几乎全靠打更。甚至很多农村城镇都有打更的。那时候大家晚上少有文化娱乐生活，基本上是日出而作，日落而息。人们听到更夫的打更声，便知道了时间，按惯例该做什么。打更也就成为一门古老的职业。随着人们生活水平的提高，晚上的文化娱乐生活也大大丰富起来，钟表也已得到普及，人们掌握时间比打更可精确多了。自然而然的，打更这门古老职业也就逐渐消失。

无论是寒风呼啸的子夜，还是雪花飞舞的凌晨，忠于职守的打更者就像一位捍卫平安之夜的忠诚卫士，在雨雪中穿行，在寒风中守夜。阵阵梆声，催熟千家万户温馨的梦乡；一盏马灯，剪开漫漫夜幕迎来晨曦黎明。如今辛勤的打更者已成为赶不上时代列车，被其抛在车后，在我们的视线里渐渐远去。

今天钟表早已普遍进入人们的生活，再也不用打更来报时了，但那种报时方法和时间的划分，是我国劳动人民在几千年的生活实践中所总结的经验，是中华民族的宝贵财富，我们要加以保护和传承。

第五节 | 带牛鼻环

牛鼻环，也叫牛鼻桊，《说文》载：“牛鼻上的环”，《广韵》：“牛拘也”，也称牛鼻拘，为服牛具，是人类驯服牛的标志。牛鼻环有圆形，有弓形，为铁制，也有用木棍做成一头大头一头细，形状像大头针一样，穿在牛的鼻子里，细头与绳索相连，称牛索，以此来控制牛的左右，只要手握牛索，就连小孩子都能指挥牛的行动。农村有个谜语叫“深山老林一根柴，千刀万刀雕出来，人家说我不吃肉，我从肉里钻出来。”谜底就是“牛鼻环”。

牛鼻环

牛不是天生就为人类服务的，自我们的祖先发明了牛鼻环，牛就听话得不得了。它是人类文明进步的一大发明，一个不起眼的小物件，它巧妙地解决了降服犟牛的技术难题，具备了牵一发而动全身的功能。以此方法来训服犟牛，以畜力代替人力，把人从笨重的劳动中解放出来，而且大幅提高了劳动效率，弥补了劳力的匮缺，促进了农业的发展。难怪老祖宗要为牛鼻环专门造一个“桊”（牛鼻桊）字，以此来纪念牛鼻环的服牛功劳。

我国的服牛技术历史悠久，据张力军、胡泽学主编的《图说中国传统农具》载：“到新石器时代晚期，传统的‘六畜’就已经驯化齐备了”。到了春秋战国时期牛就已配带牛鼻环，代替人力进行牛耕等农业生产。据《庄子·秋水》记载：“何谓天？何谓人？牛马四足，是谓天；络马首，穿牛鼻，是谓人”。上海博物馆展出的山西省浑源李裕村出土的春秋战国时期铜牛尊为牛带鼻环，是我国发现最早的牛带鼻环的实物。说明早在春秋时代国人已经知道用牛鼻环驯牛了，这一发明，比西方国家早1 000多年。

据老人讲：为了便于管理，小牛犊长到1岁至1岁半时是穿鼻环的最好时期，穿鼻环时，先要准备一根三到四寸长的钉子或一根木楔子和牛鼻环，招呼几个人把小牛压在墙角，一个人抱紧牛脖子，往上抬，牛就没有力气反抗了，然后用手摸到牛鼻子两孔中间最薄的地方（就像人的耳朵软骨），用木楔子或钉子猛一捅，然后迅速将事先准备好的牛鼻环套上，牛鼻环套上后就意味着要陪伴牛的一生。有的老牛牛鼻环戴久了，因经常被拉扯的原因，一边的鼻翼断裂了大部分，鼻环裸露在外，让人很是心疼，但老牛好像全然不知，任劳任怨。正如鲁迅先生所说：

“俯首甘为孺子牛”。

目前，为人类任劳任怨的老牛已不多见，与牛相伴的牛鼻环更是难得一见，它见证了人类服牛、用牛，使人类从繁重的劳动中解放出来，以及现代农业文明所带来的各种农业机械，取代了几千年的牛耕，或许，不久的将来，祖先专为牛鼻环所造的“桊”字也将从字典中消失。为传承中华农耕文明，笔者收藏大量农耕物品中各种样式的牛鼻环，它将向人们诉说着它的过去与今天，祖先这一伟大的发明和对人类所做的贡献，应值得铭记与传承。

带鼻环的小黄牛

第六节 | 打　夯

夯也叫“硪”“小硪”，有石制、木制或铁制，有扁圆形也有方形，柱形等。一周有圆孔，用于结绳抬夯。有的地方也用碌碡立起，上头捆绑四根圆木，用于抬夯，石磙顶端的洞里嵌入木棒一根，用于稳夯扶手。一帮人抬夯镇土，即为打夯。

石夯

夯，当打夯者把它高高拉起又猛然落地时，就爆发出了千钧之力。夯作为建筑用具，不管是皇家宫殿，还是平民草舍，都是在“哎嗨、哎嗨”声中一夯一夯砸实了千秋基业。打夯时一般要9个人，其中一人领夯者，夯者非大力不可，所以打夯的尽是村上的强壮劳力。

木夯

早些年农村盖房子都是泥墙草顶，在垒土墙之前要先用石夯将地基夯结实，也正是展示抬夯人筋骨肌肉的最佳场所。领夯者则需要头脑灵活，能说会道的人来掌握，一人领唱夯歌，其他人随声附和："拉起夯哟，嗨哟，夯夯向前走噢，嗨哟。同志们加把劲哟，嗨哟。……前面歇一歇哟，嗨哟。""风水啊，宝地哟，建新房啊，嗨哟，孝子啊贤孙哟聚满堂啊，嗨哟。"打夯号子一般都是吉言吉语，以讨得主家的欢喜，他也不时地相互开涮，荤素兼备，不伤大雅，寓油腔滑调之中，尽显幽默风趣。同时也体现了领号人指挥打夯的高超艺术，而往往这些号子能鼓舞精神激发干劲。石夯在这轻松的号子声中上下翻飞，沉闷的变得活泼了，沉重的变得轻盈了。

夯歌也叫夯号，它和船工的号子，插秧的号子一样历史久远并带有韵律。打夯号子粗犷，虽有近乎固定的曲调，而没有固定的歌词，领夯人看见什么唱什么，想起什么唱什么，随心所欲，不拘形式，富有浓郁的乡土气息。打夯号子分两节，前节为"花调"，是打夯时领夯者唱的调子，后节为"跟腔"，即等领夯人唱完之后，其他人齐唱"哎嗨，吆喝"，前节内容不固定，可随意变化，而后节内容基本固定，随着号子声响起，工地上形成边打边唱，歌声夯声节奏合一，唱中夹话，呼中有应，美妙动人，场面壮观，激荡在村庄的上空，给寂寞的乡村增添了快乐的音符，也使乡亲们的聪明才智发挥至极致。

打夯是个技术活。大家用劲齐不齐，夯实的地基密实不密实，场面热烈不热烈，全靠"叫号的"。若是夯行路线走偏了，就喊："向东压半夯啊——"，随着应声"哎—嗨—呀"，大家就主动向东拉夯；若需要调转方向，就喊："大家向西拐啊——"，"吆—啦—吆—啊"，大家就转向拉绳，自动拐弯；若感觉哪个人使劲小了，就喊；"右边的别偷懒啊——"，点到为止，右边拉绳的人就不敢耍滑了。

在打夯过程中，握绳各方要用力一致，快慢统一，才能安全高效，否则，有人用力小，出手慢，夯就会向他那一方倾斜，搞不好会“砸自己脚”。

打夯打到高潮时，夯歌会由一起一落一个节拍，转为两起两落或三起三落为一个节拍。歌词随之变换，现编现唱，诙谐幽默，雅俗共赏；音符也时而委婉时而粗犷激昂，美妙动人。只有固定的曲调，没有固定的歌词。大家一齐用力，个个调高嗓门，齐声吼着夯歌，把夯高高举过头顶，引来一阵阵掌声。这时的场面最为壮观。

所以，打夯不但是力量和才智的施展、个人品行的体现，也是人格魅力的展示。打夯不是给别人打的，是给自己打的。参加打夯，逐渐演绎为锤炼年轻人成长的象征和标志。

打夯的人们，不分远近亲疏，都很卖力。所以，村庄里建的房子最结实，乡亲们的感情最深厚，相互的亲情最浓厚，从村庄里走出来的年轻人最厚道。打夯，夯实的是团结、是和谐、是凝聚力，夯实的是亲善、是真爱、是人生坚实的基础。

夯基历史悠久，中国古代修筑万里长城都少不了要夯基，在20世纪五六十年代，我国大修水利，当时在海河、淮河及江苏省的洪泽湖大堤上到处都是打夯的号子声。那场面宏大，人山人海，夯起夯落，号声响彻云霄。电影《横空出世》里的李雪健扮演的军长领着战士们在戈壁滩上领夯喊夯号高亢激昂，气贯长虹，叫人热血沸腾，荡气回肠。随着社会的发展，时代的进步，石夯已被那打夯机的轰鸣声所取代，然而夯歌那高亢嘹亮的旋律总是伴着怀旧的思念常常回响在我们的脑海里。

第七节 | 卖货郎

昔日，在偏僻的农村，走乡串村的卖货郎很多，几乎每天都能听见拨浪鼓声，响亮清脆，萦绕于村头上空。对老太太、妇女、儿童们的吸引力，是今日现代的人所想象不到的，更是看不到的一道美丽风景线。

货郎（资料图）

卖货的拨浪鼓，鼓身为扁平形的，与普通的鼓相比，只多个柄和双耳，两根线绳系有小球，鼓面或鼓身漆以彩绘，转动手柄敲击鼓面发出响声。鼓面以牛皮、羊皮蒙制，由多个小鼓叠摞在一起（类似糖葫芦状），同时发声，叮咚悦耳。长期以来，除卖货用于“市声”外，还具有礼乐之乐、儿童玩具之用途。

那时，一听到拨浪鼓的响声，整个庄上的孩子们顿时狂欢起来，便异常兴奋地蜂拥而至。跟在孩子后面的老太太、小媳妇、大姑娘们，也都渐渐地围拢过来，谁买啥东西，大家一起挑，一起选，共同鉴别好坏。

卖货郎挑的一对小箱子上，挂着五颜六色的彩带、袜子等货物。每个箱子分为三层，一个个单摆在地面上，如同一个小货摊子。各类商品，分类、分层次系列摆放。有缝纫用的针、线、锥子、顶针；有绣花用的彩线、丝线、线绳、花绷子；有化妆用的雪花膏、蝶霜、蛤蜊油、胭脂、扑粉、口红、牙粉、百花香皂；老太太“疙瘩髻”上戴的绢花、妇女的胸花、发卡子；有生活日用品袜子、羊肚子手巾、围脖；腿带、腰带、鞋带，鞋里、鞋面布；烟袋嘴、烟袋锅、毡帽、礼帽。还有小学生学习用品：演算本、铅笔、墨水、石板、化石笔、文具盒以及儿童玩具皮球、玻璃球、玩具手枪等应有尽有，如同一个小百货店。

拨浪鼓

卖货郎所担的商品，都是带有民风民俗性质和时令性。尤其春节、元宵节、清明节、四月十八庙会、端午节、中秋节等一些传统的节日临近，更是应时沿村卖货。端午节时，在那担子上就挂满各式彩纸葫芦、麻扎的小笤帚、五彩线。旧历四月十八前后，多卖化妆品和儿童玩具之类。结合春游、踏青，已婚女子回娘家省亲之时，多卖簪花、领花、手帕和化妆品、礼品之类。特别是面对那些心灵手巧的姑娘们，喜欢制作香荷包，作为信物送给情郎，或挂在自己的衣裙上的装饰物品，则是应时而至。

卖货郎遇到购物者远远地就打招呼，有的边唠嗑边做着生意。他们多是不喊不叫，村民们从东西头或从前后庄赶来，也似熟人般相互搭话。看上去，谁都不觉陌生，体现出了中国生意人“和为贵”“和气生财”的理念。在围观者众多时，也依然保持着古老的小商小贩卖货的风格和程序，用各种招数揽住顾主兜售商品。

那时的人们，从屋里的摆设到老年人、儿童的穿戴，都很讲究绣花，妇女个个都会绣。从柜盖和炕琴柜的被格、苫单、枕顶，老太太的鞋帽，到儿童衣襟、兜兜、裤膝盖等都要绣上花和图案。卖货郎一来，特别是夏季，在村子里大树底下摆上摊子，整个村就热闹起来，经常有三五成群的妇女在那里挑选彩色丝线。左搭配，右搭配，反复比较，也有定不下来的情景，真是令人着急。她们一旦把彩线选好，一年四季，只要有闲就捧起花绷子，拿起绘花笔和绣花针，不停地描呀绣呀……

谁家有个大事小情时，那老太太、大姑娘、小媳妇们，都把各式各样的绢花、发卡、领花等，统统戴上，色彩艳丽，花样翻新，使整个村庄增加了许多浪漫、喜庆的氛围。从每个人的笑容上看得出来，已达到了一种心理上的满足。

卖货郎这个称谓，实在太恰当不过了，它活跃了经济，丰富了乡间的生活，传递了时代的信息……它浓缩了空间、浓缩了时间、也浓缩了内涵；它很实际，已实际到了人们不可没有的程度。

卖货郎很辛苦，挑在肩上的担子有柴米油盐酱醋茶，还有小伙子喜欢的香烟、火柴，小姑娘喜欢的手帕、发卡，小孩子喜欢的糖果等。每天，早出晚归，用自己的双脚丈量着从城里到乡村的距离。

“打起鼓来敲起锣，推着小车来送货，车上的东西实在是好呀......”曾几何时，这首家喻户晓的“卖货郎”民歌几乎红遍全国。在20世纪70～80年代，卖货郎肩负起乡村零售业的大梁。当人们迈入新世纪以来，手摇一把“拨浪鼓”，伴随着“换针换线换洋火”的吆喝声，肩挑货担到推车的卖货郎逐渐淡出人们的视野。那曾经带给人们无数欢乐的“拨浪鼓”声渐渐的消失……

货郎卖货

那时候，摇货郎鼓的大多是上了年纪的人，他们胡子拉碴，双手推着一辆放满针头线脑、皮筋弹子、发卡头绳等零碎的日常生活用品的架子车。如果放在今天，相信没有多少人对这样的人和其兜售的物品感兴趣。那时的我们是一群玩孩，每当听到的货郎鼓声，就知道卖货郎来了。便会从家里的鸡窝里、窗台前、床底下，寻找一些旧鞋底、麻绳头、废胶皮等杂七烂八的东西抱在怀里，从四面八方围拢到卖货郎跟前，七嘴八舌，吵吵嚷嚷要这要那。女孩子会带着几分羞涩，指着各种颜色的头绳、发卡、橡皮筋、小镜子慢声细语地与卖货郎讨价还价，男孩子则盯着自己喜欢的玻璃球，一遍遍盘算着，自己带来的东西能不能换来自己心仪的玩具，最让人羡慕的是那些大娘大婶们，她们到了卖货郎摊前，一边开着玩笑，一边伸手直接拿给鸡崽做记号的染料或不同型号的缝衣针等，待这些东西挑齐后，便会从衣兜里掏出一个小布包，从中取出几张数额不等的角票，很不情愿地交给摇货郎鼓的卖货郎，并且一遍遍地嘀咕着商品的价格，怕稍不留神，自己会吃大亏。

再看卖货郎，这时也显得特别大度，他在卖给女孩子扎头绳的时候，会在刻有尺度的箱子上认真地丈量着，嘴里还高声地说着一尺、两尺、三尺等。当满足了人家的要求后，还会有意地多给那么两三寸，让买主高高兴兴地离开。记得小时候有一次，拿了四只旧胶底鞋，要求与卖货郎兑换一个玻璃球，卖货郎用手托着旧胶底鞋，眯缝着眼睛，微蹙着眉头，似乎在估摸着手上的物品价值多少，而我则高悬着一颗心，唯恐双方达不成交易。当卖货郎把旧胶底鞋放入车架下，把一个幻着彩光的玻璃球递给我时，我立刻成了群童中的英雄。我紧握玻璃球，生怕被人抢了去，后来我让母亲做了个小布袋，专门用来装玻璃球，玩时拿出来，不玩了就装到小布袋里挂在脖子上。

随着时代的变迁，社会的发展，乡间购买方式的变化，逐步被集市、专卖店、现代的超市所替代，如今，那摇着拨浪鼓的卖货郎，已成带有历史商品交流标志性的印记之一，留在我童年的记忆里。

第八节 | 僮子戏

江苏至今流传着一个古老而神秘的剧种——僮子戏。僮子戏因表演者多为童男子而得名。僮子戏是江苏地方一个独特的乡土剧种，主要流传苏北的南通、扬州、盐城、淮阴、连云港及宿迁、沭阳一带。原系苏北巫师迎神赛会做香火，为祈求祛病消灾、风调雨顺、吉庆丰收的活动。僮子戏开始很单调，只不过是祭祀活动中巫师的咒语哼唱，后来发展成为四句一转头的说唱，跟渔民号子“嗨——呵”及农民赶牲口唱牛歌，也叫“打嘞嘞、打哩哩”差不多。为了增强娱乐性后来逐步加入丰富人物、内容、情节，并吸收了徽剧、花鼓戏、淮海戏等表演艺术，至1930年前后发展为戏曲。清乾隆年间，扬州曾有“僮子会”，新中国成立，南通地区的文艺工作者对其进行改革，积极反映现代生活，曾一度发展更名为“通剧”。传统剧目有《陈英卖水》《秦香莲》等。1958年定名“僮子戏”。至今江苏苏北地区仍有僮子戏演唱活动。南通童子戏演出团曾以不同的方式三次出访过韩国。2008年6月，南通市申报的僮子戏，被列入第二批国家级非物质文化遗产名录。

僮子戏历史悠久，起源于唐朝，据史料记载，唐太宗李世民登位之初，由于此前一次战乱使不少孩子成为孤儿。唐太宗下令对一批孤儿集中收养，并请宫中的一个祖籍山西洪同名叫杨寨兴的文官教孩子认字读书。这姓杨的老师整日与孤儿一起取乐，以抚慰孤儿的心理，还随便把一些词句编成歌与孩子们一起吟唱，由于这些孩子因失去父母，内心很苦，情绪低落，大都唱些悲苦的腔调，因此，这位老师后来就把这些腔调编成教世人行善的一些故事演唱出来，就形成了僮子戏。所以，僮子戏大都是教人行善的曲目，哪怕是表演一些开坛驱鬼的戏，也还是宣传为人要积善行德。据说，过去一些大富人家允许女子听僮子戏，但不许听小戏，因为僮子戏宣传女子要“三从四德”，守贞洁、孝道，而小戏则是一些粗俗的内容。

僮子戏虽历史悠久，但因长期依附于神巫迷信活动，缺乏独立性，因此发展缓慢，至今尚未形成一个完整的地方剧种。民国初，神权随着皇权的倒毙而受冲击，加之各地方剧种的兴起。僮子戏濒临绝境。僮子戏艺人纷纷改行学唱淮海戏或其它艺术戏种。抗日战争时期，时局动乱，人民朝不保夕，无心享乐，转而求助于神灵保佑，因此，僮子戏亦随着烧香、许愿等迷信活动又开始分离而成为独立的艺术样式出现，民间成立了僮子戏剧团，并在原

僮子戏

有的专用腔基础上加以改进，加入丝弦乐伴奏，改变了仅靠打击乐伴奏的单一局面，在艺术表演上，吸收民间艺术形式，如高跷等，不断丰富了自己的表现形式。僮子戏艺人生、旦、净、末、丑五行俱全，演唱主乐为羊皮鼓，伴奏全凭大小苏锣、小堂鼓、小钹钗四件打击乐器。祭祀活动大概可分：开坛“烧猪”；闭坛“判仙”。开坛“烧猪”共有10个关目：开坛、献猪、请亡灵、踩倒“8”字，安坐了愿、出关、拉马、生文、发表、送圣。“烧猪”开始前首先要搭高台、安祭坛、供神位。“烧猪”的“烧”字主要指祭祀时所焚烧的香、烛、纸、马。开坛时由族中长辈或地方头人献上猪头或整猪、恭请祖宗亡灵、艺人走倒“8”字园场，以示引出亡灵安坐完毕。了愿时，先在正房堂屋内挂满三角彩旗，并在墙上挂玉皇大帝画像和拦鬼的“挂拦”剪纸装饰，写上“白莲台上观世音、紫竹林中弥陀佛”和“见象日昭报降符应、天地并应符瑞昭明”两副对联，同时竖立唐明皇牌位，摆上供果点上香烛，艺人开始唱折子戏，此意娱神，请其保佑消灾灭祸，合家平安。接着是“判仙”，包括出关、拉马、生文、发表、送圣，以示祭祀祝愿仪式全部结束。这阶段活动先在村庄里搭起戏台，艺人化妆演出数日，戏至尾声开始“判仙”，判仙共分三步：第一步“衔铲”：有武功的武生表演时将农用木犁的铁铲头放在火中烧红，用牙咬住衔在口中，双手托住两个铲角绕场两周。第二步“挂彩”：又叫吃活鸡。由一花脸演员，腰束马裙，赤膊上场狂奔“护圣”，再用剃头刀将膀臂划破，手抓活公鸡用嘴咬掉鸡头，使鸡血乱喷，而后接过带响圈的两把大刀冲出人群。第三步“砍刀”：由本庄挑选一能奔跑之人手拿“顶水杆”在前引路，这“顶水杆”是花纸缠绕的五尺多长木棍，护圣者持刀紧迫，挨家挨户乱砍一通，意在驱邪赶灾，待全庄砍遍再到三岔路口将一小木人乱砍几下作毕。以示灾邪魔鬼皆已驱赶消灭干净，僮子的任务全部完成。

僮子戏艺人至今仍全部是男性，年龄也有一定限制，僮子手持的“僮鼓”是羊皮或狗皮蒙制，加一只小碰铃，样子和藏族佛教祭祀活动中表演所用的法器差不多，僮子不仅限于“烧猪祭祀”，艺人们为了生计，也经常分散为有钱有势人家的小孩剃头上项锁或解项锁，说唱喜话喜歌赚取红包，还有的在青黄不接或秋收之后游乡串村演唱“门槛词”，乞讨钱粮维持生计。近代和现代有些艺人则群体聚合为戏班子，定期或不定期外出专门唱戏赚取钱粮。一张小桌两个人，敲单面鼓对面而唱叫“场子戏”。化装在舞台上演出叫“台子戏”，在人家屋内唱叫“堂子戏”。

僮子戏艺人除具备戏曲表演基本功外，还必须具有剪纸、扎花、绘画、书法、雕塑等艺术技巧，如剪纸做纸幡、挂拦，扎纸人纸马、五牲六畜、楼台亭阁，塑寿桃、寿果、泥胎神像，开写铺坛单子等。僮子戏传统剧目很多，共三十目四大本，六十八单出。许多剧目虽然名称不同，但基本主题大体一样，用神话传说形式劝人行善，劝人孝悌，所以习惯称僮子戏为“善行”。现保留的传统剧目有《葛丁香》《朱温杀母》《刘全进瓜》《七度还阳草》《银春出嫁》《乾隆下关东》《刘秀走南阳》《沉香救母》《休妻》《过昭关》《吴汉杀妻》等。主要曲调有七字平调、十字调和铃板调等。

僮子戏虽是地方小剧种，即有很多不为人知的秘密和严格的行规。僮子戏艺人信仰的祖师爷是唐明皇，用黄纸糊成的一个“丄”形灵位牌，上端涂成黑头子，中间写“唐明皇万岁”，两边分别写上“侍奉、香火”四字，平时收藏在衣箱内，这个衣箱就是“主箱”，除小花脸外，任何人都不能坐在上面。僮子戏每年最忙的是腊月和正月，此时民间求安了愿的最多，但无论怎样忙，腊月三十晚上，要把所有的服装道具“封箱”（入箱），封箱时要在每个箱内放些糕果，叫“开台高（糕）”或“开口高（糕）”。

开台第一天后台要供唐明皇灵位，演员登台前要向祖师爷磕头；开锣第一场戏必须唱神戏《沉香救母》和《韩湘子度妻》。僮子戏艺人内部，不仅有严格的行规行俗，而且有独特的行话俗语。不相识的同行艺人来到戏班内，要严格按照俗规验明身份，外来人（客）见主人时首先要抱拳当胸，谦逊地作揖并说：“唐众仙辛苦了。”班内人问：“你是哪一行的？”答：“善行的。”再问：“你跟哪位跑腿（即问师傅名字）？”答：“家师×庄×老先生上边×字，下边×字。”回答完毕，走到唐明皇灵位前，点起三支香插入香炉内，再磕三个头，作三个揖，这样即会被看成是受过正规教育的行内人，或入班唱戏，或相帮解决困难，走则欢送留则欢迎，十分义气。

艺人平时不准别人乱动鼓，锣不准卡（口朝下）着放；睡觉时不准脱内衣，不准仰卧也不准俯卧，只准侧卧，俗叫“立着睡”；早晨起身严禁说龙、牙、虎、梦、雾、雷等；平时相互间都讲行话，如：师傅叫“贵前人”、徒弟叫“走家子”、刀叫“青锋子”、枪叫“红缨子”、鼓叫“花腔子”、锣叫“海幌子”、衣箱叫“措金子”、多喝一点叫“海环子”、少唱一点叫“剪环子”、唱错叫“偏子”、吃饭叫“担憨子”、睡觉叫“垂头子”、上雾叫“挂帐子”等。数字表达为：“一叫‘条’、二叫‘思’、三叫‘称’、四叫‘治’、五叫‘摸’、六叫‘绳’、七叫‘纠’、八叫‘爬’、九叫‘艾’、十叫‘秃千子’”等。

僮子戏自形成以来已有上千年历史，经过历代艺人发展传承，已形成如下几个基本特征。

（1）僮子戏保存了古代“打七”“了愿”民间习俗，对研究我国古代民间鬼文化习俗，是一个不可多得的活化石。也是研究戏剧的起源与发展史难得的活教材。很有国家保护价值。

（2）僮子戏由古代祭祀独唱演变成多人同台演出的正规戏剧。而唱腔更丰富多彩，喜怒哀乐各有千秋。但是，其旦角演员古代一直为男扮女装。现在，江苏省沭阳县民间艺术团僮子戏分团正在培训女旦演员。进行大胆创新与改革。

（3）僮子戏唱腔独特，含有牛歌、夯歌成分，乡土气息浓厚。高亢激昂，口语化强，文盲都听懂，一学就会。便于普及。服务于社会。

（4）僮子戏是研究古代民间丧葬和巫文化风俗的活化石，也是研究戏剧发展史的活化石，值得大力抢救和保护。

为传承历史文化，僮子戏剧目到目前还有多个艺人在进行演唱，其中曹艳玲民间职业剧团，是目前江苏省连云港唯一的僮子戏剧团，经常在市凤凰广场演出《曹庄打柴》《篮继子讨饭》等僮子戏传统小戏。唱僮子戏年龄最大的数江苏沭阳县槽坊村的周同生，已经90多岁，过去父子两人在新沂、淮安演出非常多，其中最长的一出戏连唱七十二晚。由于这种戏都是女性喜欢听，有人称为“娘娘戏”，每次演出，都能有千百口人。一般从春节开始能唱到麦口（小麦收割时）。周同生演唱到八十岁，在自己过90岁大寿时，还组织一班僮子戏艺人在家演唱，自己亲自唱了一段。还有颇为有名的江苏省灌南县汤沟镇葛集村吴四童子戏班等，现如今由于受现代文化的冲击和人员老化等诸多因素，僮子戏虽有爱好者在农闲时组织演出，但也是朝不保夕，难以传承下去。这一古老的苏北乡土剧种，将不断剥离童子戏所特有的神秘色彩，展示出艺术和民俗的价值。

第九节 | 全福奶奶

古往今来，无论乡村与城镇迎娶新娘或者姑娘出嫁都要请全福奶奶帮忙。所谓全福奶奶，也有称“全辈奶”“全面奶”的，也是婚礼的“常务主持人”，是帮助料理新郎洞房与新娘上轿前事宜的婆娘。一般全福奶奶要请两位都是“全全面面”的人，要上有公婆、父母，下有儿女，有孙子重孙更好。平辈除丈夫外，还要有大伯小叔，而且还要能说会道善于周旋，具备一定的婚嫁知识和礼仪常识，从套被、铺床、挂帐、剪喜字、贴窗花、照马桶、拧红纸捻，点长寿灯，都能按照当地风俗样样能干、妥善布置。同时清点第二天迎亲时媒人包袱里还缺哪些东西，除衣冠首饰外，还有胭脂花粉头绳鞋带一应俱全。全福奶奶为了得到更多的喜烟糖，她们暗中商量层层设卡，比如洞房里喜被留几针不缝，或者将“小马盖”藏起来，叫喜奶奶拿糖来，双双对对每人两包。当喜奶奶乐颠颠地拿出喜烟喜糖时，被眼光手快的打杂人“抢去了”，喜奶奶也不恼怒，不厌其烦地回到房间里再拿，当新娘到来，从跨火盆、进新房、吃团圆饭，入洞房、闹洞房、捅窗纸等，都要有与之相配套的喜话，恰到好处地起到渲染婚庆气氛的作用。图的就是热闹。

新婚之前尤其是婚礼当日，关键的新房布置，以床为第一。在对房间进行全面整理后，要将被子里、枕头中、床单下马桶里放些红枣、花生糖块、栗子等。

布置洞房

这叫早生贵子，即早（红枣）生（花生）贵（桂圆）子（栗子）。床沿下，旧时放一崭新的木制红漆马桶，现时已改用彩色搪瓷盂代替，内放多种糕点、糖果、钱币等，祝愿儿孙满床，家道兴旺。

全福奶奶最忙的也就是正日那天，为了让迎亲的队伍早点出发，事先把媒人包袱的东西再清点一遍，唯恐漏掉一样惹来麻烦。特别是白果红枣栗子，还有“万年青”“吉祥草”，少了一样，女家的全福奶奶也不会放过，哪怕是一枚桂圆，若不客气，媒人也要徒步往返，两趟一跑，累得媒人气喘吁吁焦头烂额。如果遇到好说话的全福奶奶，她们就高抬贵手，免于媒人徒步往返之苦。

迎亲的习俗非常讲究。正日傍晚，新娘带到门口，在以前，全福奶奶要亲自打开轿门，将新娘迎出花轿。现在也要亲自打开车门，用手作遮阳状挡在车门上方，唯恐新娘撞了头。新娘走出车门，两位全福奶奶前呼后拥说喜话，一说一道好，旧时要放一只旺旺的火盆，新娘要在伴娘的搀扶下，让新娘从火盆上跨过去，这叫火神驱邪，寓意新娘跨火盆，大人养小人，早生贵子。然后再扶新娘小心翼翼地从马鞍上跨过去，生怕新娘有孕，全福奶奶谨慎行事，以免节外生枝。尽管都是迷信观念，只是图个喜庆吉祥罢了。

当新娘新郎进新房并将要坐于床边时，有时新娘新郎会争着坐在上首，民间有谁先坐上首谁就能当家的说法，等新娘新郎坐好后，全福奶奶要说一段喜话：进了新房笑嘻嘻，看见床上一对鸡；公鸡打鸣把头点，母鸡含羞把头低。

接下来是新郎向新娘敬糖，全福奶要说：新郎递块糖，新娘尝一尝，日子甜蜜蜜，夫妻百年长。新娘向新郎敬烟时，要说给郎点支烟，夫妻恩爱甜，勤劳创家园，幸福万万年。

然后在新娘新郎向父母、长辈、来宾敬烟敬糖时，全福奶奶也可抽空说上一段喜话，每当闹房出现冷场或有过激行为时，全福奶奶便及时出面调节气氛，或劝解、或进行新的节目，使闹房的气氛又活跃起来。全福奶奶大多是场面上的人，说话都有分量，当闹房达到一定高潮时，全福奶奶出于对新娘的呵护，出来挡驾，并要主家拿出一些喜烟、喜糖分发给大家，宣布闹房结束，宾客自然离去。

一般闹房至午夜子时，要进行婚礼的最后一道仪式：送房。即闹房结束，宾客撤离，由全福奶奶主持铺床、揭马桶之类的婚寝琐事。新房内由全福奶奶指挥陪房姑娘及近亲女眷忙活，并将事先找好的一对童男童女安排“摸马桶”，这时两个童男童女便掀开马桶盖，争着在马桶内摸彩头，拿出来给全福奶奶看，如果是红枣、花生之类，全福奶奶便说“早生贵子”；若是钱币的就说“夫妻发财”等。

房内关目过后，新郎新娘坐于床沿，以示洞房花烛夜的开始。新房门由全福奶奶关好，任何人不准再进。过去都住平房，由一名青年男子手拿一把红漆新筷，站在窗外将窗纸捅破，一手托筷对准新房床上，用手击打筷子，使筷子从窗纸洞中飞射到新房的床上，全福奶奶便在一旁高声说“快快快，儿子生得快，筷子筷子，生个儿子”现如今都住楼上，已无法进行这一项目，有的干脆取消，有的则在关门时将筷子撒向新房床上，希望快生儿子。一切都完成后，全福奶奶要求新郎新娘入睡前由新郎为新娘解下内衣纽扣，便进入“洞房花烛夜”。

全福奶奶一天当下来，是十分累人的。婚事毕，主家给一大堆礼品和相应的酬金作为回报。随着震耳欲聋的圆房爆竹声骤然响起，洞房里灯光转暗，新郎新娘进入甜蜜的梦乡，全福奶奶完成使命大功告成，捧着主家赏赐的喜烟喜糖满载而归了。

第十节 | 媒 婆

媒婆（形象刻画）

媒婆也称媒人、红娘、月老等，是专门从事介绍男女婚姻的女人。媒人在我国有着悠久的历史，两千多年前的周代即已出现，《诗经》有“取妻之如何，匪媒不得”，可以看出媒人是促成婚姻的重要条件。从最早记录我国婚俗的《仪礼·士婚礼》中规定的成婚程序六礼来看，从采纳、问名、纳吉、纳征到请期、婚礼，没有那个环节能离开媒人。而孟子则把“父母之命，媒妁之言”放在同等重要的地位。

媒婆介绍婚姻是人类社会进入一夫一妻制时期较常见的一种择偶方式，它不仅存在于我国的婚姻习俗中，而且也广泛流行于世界众多民族的婚姻习俗中。唐代诗人白居易有：“庆传媒氏燕先贺，喜报谈家乌先知。”这里的“媒氏”指的就是民间的媒婆。可是在古代，“男女授受不亲”“妇人无故，不窥中门”，诸多礼节限制让男女接触变得很困难。于是作为婚姻中介人的媒人就应运而生了。既然媒人在婚姻中作用如此重大，为了处理好人们的婚姻大事，有些王朝还曾专门设置媒官，由他们来掌管黎民百姓的婚姻。这样就形成了中国历史上独特的官媒制度。

封建社会的自然经济形态使人们的劳动、教育、娱乐都局限在自家庭院里，“鸡犬之声相闻，至老死不相往来”，因此相互之间彼此都不知道对方家里有些什么人，即使自己家里的儿女已长大成人，却不知哪家需要嫁女娶媳。封建的风俗造成了人们在求偶问题上的腼腆心理，想得到配偶不公开言明成了封建社会风俗的重要特征之一，直言问之等于愚昧无知，委托他（她）人，曲道求之便是求偶之法的重要表现形式，一切由媒人从中斡旋。

媒人说媒，一手托两家，总要“掂掂萝卜，掂掂姜”，看两头差不多，才确定是否应这门差事。结婚办喜事和择日子会亲家的喜宴上，媒人还会被尊为上宾，待之以隆重礼遇。

媒人说媒也需一定的技巧，古代讲究门当户对，媒人就必须了解男女双方的家庭情况，又要尽可能的隐恶扬善，使男女双方家庭都能看到对方家庭的长处，从而成就一段姻缘。为此，媒人而练就一张“好嘴”和一双“好腿”。民谚讽刺媒人叫“媒人口，无量斗”，虽然这么说媒人，但是家里子女长大了，还是要找媒人去说媒的。俗语说“官配官，员配员，苫子配篙荐”，反映的就是旧时有门第观念的社会背景。男女双方本人的条件自然也要相配，“郎才女貌”则最受人推崇。如果双方差距过大，最后媒又没说成，人们就会嘲讽条件差的一方是“强巴结脸”。如女高男低，说那是“癞蛤蟆想吃天鹅肉”；如男高女低，说那是“土鹌鹑想攀梧桐枝”。现在，人们对门当户对仍有讲究，但不像旧时那样过分，而是逐渐演变成讲究男女双方相类似的受教育程度和相接近的品位志趣等。

对于一桩婚事，媒人是至关重要的，从开始为男女双方牵线搭桥之日起，要经常来往于男女两家，传达彼此的愿望和要求，防止发生意外和变故。习惯上男女两家都有义务招待媒人。乡下人说“媒百餐”，又有地方说媒人要吃十八嘴，并不是夸张。主要是为了奖赏其奔走撮合之劳。说成一桩媒，媒人可以得到一些钱财，称之为“谢媒礼”。这笔钱一般由男方支付（如果是男到女家，则由女方支付），在成亲的前一天，连同送给媒人的鸡、鸭、肘子、鞋袜、布料等“定亲礼”一起送到媒人家，称之为“圆媒”或“发媒”也叫定亲。谢媒钱的多少，视主家经济状况自行决定，但无论多少，均需用红纸封好，称为“红包”。等新娘子进了房，意思是只要新娘子过了门，媒人才算完事。

中国古代除了民间有媒婆外，官府还设有官媒，黎民百姓的婚姻由官媒来管理，因此，有些媒人有时也被称作官媒。《红楼梦》中就多次提到官媒。第77回“官媒来说探春”，第71回、第72回也有官媒这一称呼。由此官媒制度可见一斑。官媒制度早在周代就已出现，当时的的媒官被称为“媒氏”，从国家领取一定的俸禄，执行公务。《周礼·地官·媒氏》记载：“媒氏，掌万民之判凡男女自成名以上，皆书年月日名焉。令男三十而娶，女二十而嫁，凡娶判妻入子者皆书之。仲春之月，令会男女。于是时也，奔者不禁。若无故而不用令者罚之。司男女之无夫家者而会之。凡嫁子娶妻，入币纯帛无过五两。禁迁葬者嫁殇者。凡男女之阴讼，听之于胜国之社；其附刑者，归之于土。”从“掌万民之判”可以看出，判者，半也，男女一人各为一半，合之为偶尔为夫妇。因此，“判”即婚姻，“掌万民之判”也就是掌管婚姻之事，这也就是媒官的职责。

在《三国志》中，也提到“为设媒官，始知嫁娶”。到了元明时期，官媒则是指在衙门中登记认可的媒婆，其身份同衙役一样，主要是管女犯人的婚配；或者是婚姻发生纠纷，在堂上发落婚配，找官媒解决等。

私媒不是专门的媒人，他们多数从事其他职业，因职业原因使他们有机会走街串户，了解各家的情况，为别人做媒。还有一些专业媒人，也是私媒的一种，他们是专业给别人做媒，东家西家来回跑，又吃又喝又拿，收入也不错。

现代社会，婚姻自主程度越来越高，媒人的光环已日趋暗淡。有的根本不用媒人，一切都是自己做主。有的虽有媒人，但媒人只管牵上线头，介绍两人认识，其余全由自己去谈。有的男女双方从相识、相知到相爱，直到谈婚论嫁的时候，才共同选定一个合适的人当“现存媒”，去向双方的家长说透并向社会公众发布。这样的媒人，就只是名义和象征意义上的了。而对于一些苦于无人牵线搭桥的另类情况，只有求助于“婚姻介绍所”倒也是一种不错的选择。

社会在发展，人类在进步，媒婆这一古老行业，虽然被业余媒人和婚介机构所替代，但牵线搭桥仍是男女婚姻必可少的重要内容。

第十一节 | 䓪 脸

䓪脸

䓪脸又称开脸、开面、绞面、绞脸等。古时候女子出嫁时，需要进行绞面，就是把额前、鬓角的汗毛拨掉，寓意别开生面，祝福婚姻幸福美满。也是我国古老的美容方法，属汉族婚俗之一。女子一生只开脸一次，表示已婚，是中国旧时女子嫁人的标志之一。开脸有在上轿前在女家进行，也有娶到男家后进行。这门手艺一直都是母女代代相传，但也有专门利用业余时间为准备出嫁的姑娘进行䓪脸，一般都是一些儿女双全、心灵手巧、人缘好的中老年妇女。

关于䓪脸的起源有一个传说：因隋炀帝滥抢民女，于是有一家人就把出嫁女儿脸上的汗毛全部除去，涂脂抹粉假扮城隍娘娘抬到新郎家，以躲避官兵的检查。后来大家跟着学，成了风俗。

在过去，姑娘出嫁，䓪脸是必不可少的事情，是姑娘一生中比较重要的事情，也是一生中唯一的一次。笔者小时候经常见到母亲为前后庄邻的姑娘出嫁前䓪脸，哪怕再忙也要放下手中的活，遇到好日子，一天能有好多个，有时还排队等候，可从来不收一分钱，但喜糖是吃了不少。

䓪脸前的第一道工序是先给䓪脸人净脸，然后在脸上涂上一层厚厚的白粉，接着用一条麻线或较粗的纱线，挽成“8”字形的活套，右手拇指和食指撑着“8”字一端，左手扯着线的一头，口中咬着线的另一端，右手拇指一开一合，咬着线的口和左手配合右手，对折交叉呈剪刀状，一松一紧，敏捷地变换着手中的动作，将汗毛缠绕在交叉的线上，将其扯下，只见那双手上下舞动着，那两条麻线便有节奏地一分一合，先是下巴，而后是脸、额头，一点点地扯，只那么一会儿，脸上汗毛就被拔光，显出一张光洁的脸。接着，再把新娘的眉毛修成“月牙眉”或“柳叶眉”“妃子眉”等。绞面之后，重生的汗毛会较细，久而久之，毛囊收缩，汗毛越来越少，就能达到美容的功效了，扯完后递上一面镜子，让薅脸人看到镜中的自已瞬间变得红润而光洁的时候，会露出满意舒心的微笑。

在中国，从北方到南方，都有妇女开脸的习俗，是一种成人礼。离婚或改嫁的女人一般不再开脸。有的地方开脸之前，主家要煮“开脸饺”分赠亲友以示吉祥，也有开脸时要唱开脸歌或说些吉利话，教新娘一些做媳妇应懂的道理，久而久之，形成固定押韵的歌谣：

福筷举一双，
贵气从天降，
去污求吉利，
百年得平安。
一净额头，
嫁人不会饿，
劳动不怕累，
孝顺有人爱；
二净眼睛，
消灾又解难，
夫妻手牵手，
一直到白头；
三净祥鼻，
佑家保平安，

早生贵子喜，
夫妻两和谐；
四净嘴边，
出口便是吉，
上轿去婆家，
今夜喜团圆；
五净面皮，
晶莹剔透玉如肌肉，
纯净白嫩好姑娘，
赐你富贵万年长；
耳后，颈脖，
处处干净，
处处清白，
全家幸福过一生。

一根红线、一双巧手，这就是“薅脸”的全部。作为一种古老的美容方式，“薅脸”已经不再符合现代人的需求；作为曾经的一种古老习俗，“薅脸”也正淡出现代人的视线。从某种意义上来说，这些手艺是老祖宗给我们留下的历史精华，丢弃了确实可惜；为了传承文明与开拓创新，我们要把它们保存在历史记忆里，毕竟生活也是门艺术。

第十二节 | 接生婆

自古以来，受医疗卫生条件限制，绝大多数产妇选择在家里生产，请妇女帮助接生，这些妇女便称为接生婆，有的地方叫“收生婆”“吉祥姥姥”“产婆子”

等，他们逐渐成为“专业接生婆”。过去，农村人家生孩子大都靠村里的接生婆，村里的接生婆还发挥着重要的作用。正如老舍小说《正红旗下》里所描写的神气活现的接生婆“白姥姥”，额上满是皱纹，容颜却很滋润，穿着洋缎侉袄，扎着腿，头上戴朵大红花，髻上插着只银耳勺。

在文化卫生尚未普及、乡村里缺医少药的艰难年代，卫生院、医院是一个距离贫穷乡村十分遥远的名词，接生婆成为一种受人敬重的职业。她们一般年龄在40~60岁，大多有生儿育女的亲身经历，而且懂点粗浅的卫生知识。

无论贫富，生孩子都是一件大事，尤其是头胎分娩，做丈夫和公婆的，心中既高兴又担忧，因为世间常说的“阴阳一张纸，生死一呼间”多用来比喻临盆分娩的女人。所以家长们都把接生婆视为送子的观音，救命的活菩萨。

将接生婆接进家，双手捧上一碗糖水鸡蛋，抽烟的还要敬上一袋烟。接生婆洗过手，走进产房，边询问边观察，吩咐家人准备热水和剪刀，点一盏油灯，做好产前准备。旧式分娩有立式、半跪式、仰卧式和坐盆式。“临床经验”丰富的接生婆一边柔声细语地安慰着痛苦万状的产妇，一边帮助她用力。婴儿哇哇坠地之后，接生婆迅速要鉴定性别，并马上向房外通报。接生婆把剪刀放在灯上炙烤消毒之后剪下脐带，用干净的布条捆好婴儿肚脐，穿上柔软干净的衣服，站在门外早已迫不急待的婆婆一步跨进了房，抱起尚未开眼的婴儿左亲亲右亲亲，脸上一朵花，心中一罐蜜，无比幸福。

顺产，母子平安，接生婆松了口气，全家人万般高兴，杀鸡、割肉，款待接生婆吃饭，饭后奉上一个红包，当作酬劳。依照接生婆的嘱咐，将胎盘（俗称包衣）埋在枫树下或大河边，寓意日后孩子顺风顺水，健康长大。第三日，接生婆复又登门，替婴儿“洗三朝”，一般只须饭菜招待，无须送礼。经济宽裕的人家可以再送红包。孩子周岁生日那天，接生婆打扮得风风光光，理所当然地坐在首席。

接生箱

过去妇女生孩子如同过鬼门关，因为缺少科学知识，缺医少药，妇女生孩子大部分由民间接生婆接生。据国家卫生部门1950年统计，绝大部分新生儿是接生婆接生。当时接生的主要工具就是平时做活计的剪刀，用开水烫烫、用酒泡一下或者在蜡烛上烧一烧就算消毒了。脐带都留半尺来长，用做活的棉线把脐带绑住，再用棉布把孩子的腰裹起来，七八天后脐带就自行脱落了。当遇到难产时，有条件的送到医院里去没有条件的就只能靠接生婆的经验或者民间偏方来应对，在医学不发达的时代，她们一方面被称为助生吉祥姥姥，另一方面又被戴上落后愚昧的帽子。

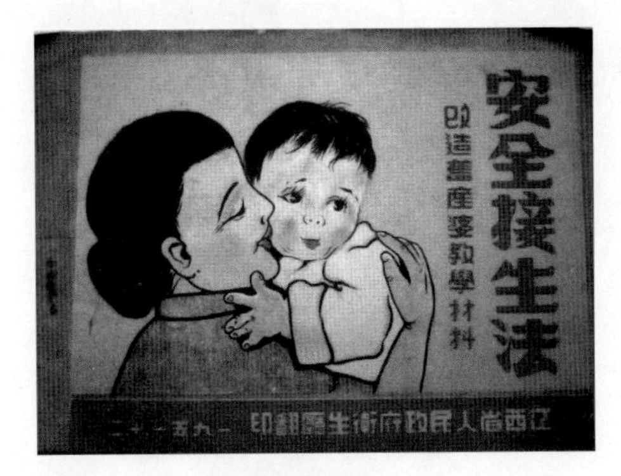

宣传漫画

今天，妇女生孩子请接生婆接生，早已成为历史，随着科学知识的普及，医疗条件的改善，孕妇生产，母子平安已得到了保障。

工匠精神篇

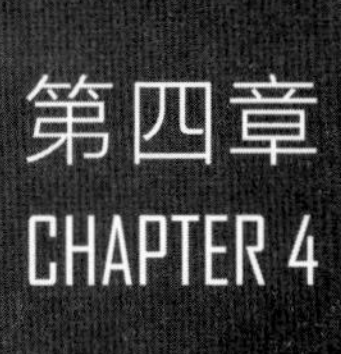

第四章
CHAPTER 4

第一节 ｜ 工匠的文化遗产

中国传统工匠的定义，不仅仅代表着对技艺的追求，更有着济世情怀的奉献精神。大到一项水利工程，小至一个工具的发明，都是推进历史发展，造福子孙后代的大业。工匠精神一方面是对制作的认真态度，对极致标准的严格奉行；另一方面则是不懈追求，不断探索的过程。我国古代工匠的地位并不高，非农非商，更不属官宦。因为历朝以读书入仕为人生第一追求，工匠往往出自无产、无入仕通路的社会底层。然而技艺的精巧，同样需要社会的认同，知音的理解。在自身领域顶尖的工匠，往往同样能够脱颖而出，这离不开士大夫一族的赏识。而比赏识更进一步的，是互相影响。

中国传统工匠历经几千年的发展与传承，保留了完整的技术信息，所包涵的内容远比任何历史文献的记载丰富得多。要想深入地认识技术传统，了解古代工匠的技术传播途径和操作方法，除了解读古代文献中的科技史料外，一个有效的途径就是发掘、整理、调查现今仍在延续和使用传统技术，便显得非常迫切和必要。

1. 传承中国工匠精神

工匠精神是工匠们对自己的产品精雕细琢、精益求精的具体体现，他们追求完美和极致，他们热爱自己所做的事，胜过爱这些事所带来的金钱。在漫长的农耕文明中，劳作者以他们的创造记录着历史，以他们平凡的伟业书写着人类的文明。早在《诗经》中，就把对骨器、象牙、玉石加工形象地描述“如切如磋”“如琢如磨”，朱熹在孔子《论语》注中解读为“治之已精，而益求其精也”，孙中山先生则扩展到整个近代手工业，概括为“精益求精”。

中国古代工匠以精益求精为终身的追求目标，匠心独运，把对自然的敬畏、对作品的虔敬、对使用者的将心比心，连同自己的揣摩感悟，倾注于一双巧手，让中国制造独具东方风韵，创造了令西方高山仰止的古代科技文明。曾侯乙编钟高超的铸造技术和良好的音乐性能，改写了世界音乐史，被中外专家学者称为“稀世珍宝”；北宋徽宗时烧制的汝瓷，其釉如“雨过天晴云破处”“千峰碧波翠色来”“似玉非玉而胜玉”，被称之为“纵有家财万贯，不如汝瓷一片”。

我们在传承中国工匠精神的同时，也要研究中国工匠精神的内涵。从科学技术发展的本身，将“考古学”“宗教学”“民俗学”“社会学”“传播学”等概念和方法引入科学史研究范畴，才能拓宽中国工匠精神与科技史研究的视野。通过亲身调查和参与复原一些濒临失传的工具，整理仍健在的工匠老人口述的珍贵资料，能加深我们对民间文化中工匠技艺的认识和理解，使之传承与发展。

工匠勤劳、敬业、稳重、干练、执着，以无可替代性的劳动推动人类文明的进程，为其发展做出了不可磨灭的贡献。高尚的“工匠精神”是任何时代都绝不可缺少的，对所做的事情和生产的产品精益求精、精雕细琢。在历史发展中，若忽视了工匠精神，那社会进步和人类文明持续走向辉煌就会受挫。在当今社会，只有把工匠精神发挥的淋漓尽致，才能拥有竞争的优势，才能具有真正的不可替代性，才能永远在复杂环境下立于不败之地。传承和发扬工匠精神不仅是生存和发展的需要，更是生活精彩，人生出彩的基石所在。

2. 丰富多彩的文化遗产

回顾中国历史，春秋时期，鲁班发明了木工工具、农业机具等，被视为工匠的典范与祖师；东汉张衡发明地动仪、北宋沈括撰写《梦溪笔谈》、明朝宋应星撰写《天工开物》……中国自古以来似乎并不缺少“技近乎道”的源流。《增广贤文》言：“良田百顷，不如薄艺在身”。在中国传统社会中的底层人眼里，再多的财富也有失去的时候，唯有一门手艺可以保证自己衣食无忧。正是出于这种朴素的认识，民众愿意学手艺，为了饭碗的坚固，还愿意将手艺练得越来越好，无形中，形成了独特的中国工匠精神，且留下了丰富多彩的文化遗产。

中国古代家具的设计和制造主要靠手工劳动来完成，设计者和制作者没有明确细致的分工，设计、制作往往是同一人，在学习技艺上也完全采用师傅带徒弟的方式，凭经验和记忆，伸展绳墨、竹笔划线、刨子刨平、再用量具测量，制作成各式各样的家具和工艺品。

到了明代，我国木匠把日常生活用品的床已经做到了极致，一个家庭拥有一张好床，就是拥有了一笔财富，当时南京产的拨步床就跟德国产奔驰轿车一样名贵。如明朝嘉靖年间大贪官严嵩在被抄家时，其被抄家产所列清册《天水冰山录》中所载，严家仅各种床就有六百四十张。其中，螺钿彩漆大八部床五十二张，雕嵌大理石床八张，彩漆雕漆八步中床一百四十五张，榉木刻诗画中床一张，描金穿藤雕花凉床一百三十张，山子屏风并梳背一百三十八张，素漆花梨木等凉床四十张，各式大小花梨木床一百二十六张。足可见当时严家的权贵。

《金瓶梅》第九回说西门庆用十六两银子为李瓶儿买了一张黑漆描金床，而当时十六两银子是什么概念呢,《金瓶梅》说：西门庆买完床，他顺手买了两个丫环，一个五两，一个六两。也就是说一张床堪抵三个丫环的身价，这还不是当时最好的床。《金瓶梅》第二十九回写道：潘金莲知道西门庆为李瓶儿的屋里买了一张好床，就闹了起来，不得已西门庆“旋即用了六十两银子买了一张螺钿敞厅床”，可见当时木匠做床技艺的高超。

在农具的发明创造方面，工匠也是发挥了重要作用。据周昕《中国农具发展史》载：耧车的发明过程经过了劳动人民和工匠长期实践，才发展成高效实用的先进农具。它是一种用畜力牵引的播种器具，能一次完成开沟、下种、覆土等作业环节，达到行距一致，深度一致，疏密均匀，既提高了播种质量，又提高了工作效力。达到了“三犁共一牛，一人将之，下种、挽耧，皆取备焉，日播一顷”的效果；我国古代的棉纺织技术一直处于世界领先地位，而元朝黄道婆则对我国棉纺织技术作出了重大贡献。她根据自己几十年丰富的纺织经验，毫无保留地把自己精湛的织造技术传授给故乡人民。一边教家乡妇女学会黎族的棉纺织技术，一边又着手改革出一套赶、弹、纺、织的工具：去籽搅车，弹棉椎弓，三锭脚踏纺纱车……。她的辛勤劳动对推动当地棉纺织业的迅速发展。使纺纱效率一下子提高了两三倍。黄道婆除了在改革棉纺工具方面做出重要贡献以外，她还把自己的实践经验，总结成一套比较先进的“错纱、配色、综线、絜花”等织造技术，凝聚了大量心血。

我国古代的传统工匠的发明创造精神表现在方方面面，他对我国农业生产的排涝浇灌器具的发明也走在了世界前列。传统水车，即人们通常所称的“翻车”和“筒车”，是一种能从江湖河塘地表中不间断持续汲水的大型农业机具，它不仅能用于高地提水、低田排水等生产领域，而且在济漕保运、沿海制盐等非农业方面也发挥了很大的优势，它的先进技术能直接转化为生产力。从机械学原理的角度来看，水车结构复杂，有连杆曲柄机构、轮轴齿轮机构、链轮调节机构等，反映了中国古代科学技术的先进性和工匠们的创造性；从动力学看，由人力、畜力逐渐上升到水力和风力自然能的应用。据方立松《中国传统水车研究》载：“它代表了中国古代在动能利用上的卓越成就，它与耕种等其它农具系列相配合，发挥各自作用，共同为农业生产提供技术支撑。在那个时代走在世界的前列”；我国汉代就已有了畜力碓和水力碓，用来加工粮食，脱壳磨面。据张力军、胡泽学主编的《图说中国传统农具》载：到魏晋南北朝时的崔亮发明了用一个水轮推动八个磨盘的“八磨”机，使粮食加工的功效一下子提高八倍。西晋时有人对“八磨”做了改进，将水轮转动改为用牛牵引，达到“策一牛之任，转八磨之重”，这样就可以在没有水源的地方也能用上高效的“八磨”。

除了以上古代工匠为我们留下了很多宝贵文化遗产外，还有大家知道的大彬的紫砂、江千里的螺钿、黄应光的版刻、周翥的百宝嵌、方于鲁的制墨、陆子冈的治玉、张鸣岐的手炉、朱氏三松的竹雕等工艺品。这些工匠可称得上是举世闻名的能工巧匠。

第二节 | 工匠的历史贡献

说起我国古代的科学技术，特别是实用技术的成就，大家都会首先想到“四大发明”。四大发明按出现的时间排列应当是指南针、造纸术、火药和印刷术，它们是中国对人类发展的伟大贡献。

指南针最早的名称叫“司南”，出现在战国时期，用天然的磁石磨制而成，形状像勺子。把“勺子”放在地盘上转动停止后，它的柄始终指向南方。这说明，古人很早就发现磁石不但能吸铁，还可以指示南北方向。天然磁石有磁性不稳的毛病，古人经长期摸索实验，掌握了人工使铁磁化的方法，这是个重大突破，从此有了指南鱼，又有了指南针，继而是发明了有划时代意义的罗盘指南针，不但指方向，还能测定方位，并把它应用于航海。指南针在南宋时期从海路传至阿拉伯，又传人欧洲，被世界各国广泛应用。多少年之后，它又引导着郑和七下西洋，引导着欧洲的航海家做环球旅行。

在西汉时期，我国人民就开始用树皮和麻造纸了。到了东汉，蔡伦经过反复试验，造出了又轻又薄便于书写的“蔡侯纸”。东汉政府很快下令推广，纸从此成为人们书写的主要工具，并在公元7世纪左右先后传到朝鲜、日本、阿拉伯和欧洲地区。

我国在唐代已发明了火药并被使用。火药的发明，使中国人最早燃放起烟花爆竹，随后就应用到军事上。现代火箭技术越来越精湛，可基本原理还是来源于我国古代火箭。明代有个叫万户的人，曾把47支大火箭绑在椅子背上，把自己捆在椅子上，双手各执一个大风筝，让人点燃火箭，勇敢地尝试了人类第一次升空试验。他的名字已用来命名月球上的一座环形山，成为不朽的英雄。火药在12世纪左右经印度、阿拉伯传到欧洲。

印刷术从隋唐以前的刻印、拓印，发展到隋唐的雕版印刷。北宋的工匠毕昇又发明了活字印刷。这就使纸的作用更充分地发挥出来。中国印刷术传到亚洲、欧洲，印刷业以迅猛的速度发展起来。我们今天才得以通过书刊报纸看到人类文化的伟大成果。

其实我国何止是四大发明，在我们生活中吃、穿、用中还有更多的发明，瓷、茶、丝，也是中国对全人类的伟大贡献。

瓷器既是日常生活用品，也是精美的手工艺品。中国是瓷器的首创国，这是世所公认的。英语中的“中国”与“瓷器”是同一个词“china”。

在我国陶器史上，有三种产品令人赞叹。秦始皇陵的兵马俑，不但把人物形象表情刻画得逼真生动，而且规模宏大，成队成阵，不愧为世界奇观。唐代的三彩陶朝着更为精致的方向发展，人俑、马俑、骆驼俑，色彩鲜艳，各具形态，有很多细微的动作和表情；起源于宋代的紫砂陶器，如今已成为家家珍藏的物件。以宜兴为发源地的紫砂陶，用天然的紫砂泥为原料，主要靠本身的紫、红、绿等色调和小巧奇特的造型取胜。举世闻名的紫砂壶，我们看到的样式，几乎没有重样的。手工艺人们在制作时充分发挥着工匠的创造力。

唐宋以后，瓷器的工艺越来越精，出现了许多名窑名瓷。唐代绍兴有名的“越窑”青瓷，有“类玉”的美称。河北内丘的“邢窑”，则以出产白瓷闻名。湖南长沙一带的彩瓷，不但有绘画，还使用贴花、模印，装饰性特强。河南的钧窑、汝窑、柴窑，浙江的龙泉窑，河北的定窑，陕西的耀州窑等产品，都驰名海内外。当时的瓷器有“青如天，薄如纸，明如镜，声如磬”的说法，被一般家庭争相收藏。中国的瓷器，从唐代起就通过陆路和水路传到亚洲、欧洲和世界各地，赢得了全球人的赞叹。瓷器从此成了各国人民珍爱的东方宝贝。直到今天，瓷器仍然是人们不可缺少的生活必需品和收藏品。

说起中国人的传统服装，就必然会想到中国人最喜爱的衣料，一项令国人自豪使全球人惊叹的伟大发明——丝绸。毫无疑问，我国是世界最早养蚕和织丝的国家。祖先们很早就发现蚕吃桑叶吐丝又“作茧自缚”的现象，经过仔细观察和实践，在6 000多年前，就掌握了养蚕、缫丝、织帛的全套生产过程。聪明的古人们把蚕茧用开水煮烫，去掉胶性，抽出丝头，合成丝线，再织成绸、缎等帛品。这个过程说起来一句话，做起来难上加难。长沙马王堆出土的素纱禅衣，服装长128厘米，袖长190厘米，但重量仅有49克，衣服可谓轻若烟雾，举之若无，让人着实惊叹当时的织造工艺如此精湛。到目前为止，用现代化的工艺都很难复制。丝绸的发达，促进了服饰、染织、刺绣业的发展。与丝绸密不可分的刺绣，它的艺术创造，商代就开始出现，一直延续到明清时期，形成了苏绣、湘绣、粤绣、蜀绣四大名绣。中国的刺绣与丝绸一样，名扬世界。

我国在几千年的发展中，工匠们为人类的发展与进步作出了重大贡献：除了以上各种发明创造外，还有东汉张衡发明了浑天仪和地动仪，比欧洲早1 700多年；南朝祖冲之精确地算出圆周率是在3.1415926～3.1415927，这一成果比欧洲早1 000年；中国人于公元前5世纪发明了双动式活塞风箱，西方于16世纪才用双动式活塞风箱，比中国晚了2 100年；公元前2世纪，中国人发明了旋转式扬谷扇车，到18世纪初，西方才有了扬谷扇车，比中国晚了2 000年；公元前1世纪，中国人发明了独轮手推车；而西方到公元11世纪才出现独轮车，比中国晚了1 200年；东汉华佗擅长外科手术，被誉为“神医”，他发明的麻沸散比西方早1 600多年；明代徐弘祖的《徐霞客游记》是一部地理学巨著，书中对石灰岩溶蚀地貌的观察和记述，早于欧洲约两个世纪；隋朝时期建造的赵州桥是现存世界上最古老的一座石拱桥；北宋时期沈括的“十二气历”比英国早800年等。

从科学技术史的角度来看，中国的发现、发明对世界产生了重要的影响，作出了重大贡献。那么古代中国科学技术为什么能取得较高成就呢？这除了我国地大物博，人口众多，人民聪明勤奋，在长期和自然界作斗争的过程中积累了丰富的经验知识这些条件外，与工匠们的精益求精的精神，也是密不可分的。

主要参考文献

方立松. 2013. 中国传统水车研究［M］. 北京：中国农业科学技术出版社.

胡长荣. 2010. 见证中华农耕文明［M］. 北京：五洲传播出版社.

胡泽学. 2006. 中国犁文化［M］. 北京：学苑出版社.

李爱华. 2010. 船文化［M］. 北京：中国社会出版社.

李　乔. 1990. 中国行业神崇拜［M］. 北京：中国华侨出版社.

李　乔. 1999. 中国的师爷［M］. 北京：商务印书馆.

马未都. 2008. 马未都说收藏·家具篇［M］. 北京：中华书局.

彭泽益. 1962. 中国近代手工业史［M］. 北京：中华书局.

宋应星（明）. 1976. 天工开物［M］. 广州：广东人民出版社.

闻人军. 1993. 考工记译注［M］. 上海：上海古籍出版社.

雪　岗. 2013. 祖先的遗产［M］. 北京：中国少年儿童出版社.

臧继华. 1999. 民间工匠习俗［M］. 北京：中国文史出版社.

张力军，胡泽学. 2009. 图说中国传统农具［M］. 北京：学苑出版社.

钟　恒. 2010. 图说中国农耕文明［M］. 南昌：江西人民出版社.

附录1　中国古代三百六十行※

一　农林牧渔行业

1. 耕地　2. 车水　3. 割稻　4. 种玉米　5. 种甘薯　6. 种洋葱　7. 花农　8. 卖花　9. 卖君子兰　10. 卖南天竹　11. 卖盆栽　12. 蚕农　13. 采桑叶　14. 放蜂　15. 抓蛤蟆　16. 养猪　17. 羊倌　18. 牧牛　19. 牧马　20. 猎人　21. 屠夫　22. 渔人　23. 鸬鹚捕鱼

二　饮食糖果行业

24. 卖包子　25. 卖蟹黄汤包　26. 卖烧卖　27. 卖饽饽　28. 卖艾窝窝　29. 卖金糕　30. 卖年糕　31. 卖糖粥　32. 卖糕饼　33. 卖馍头蒸饼　34. 卖缸炉烧饼　35. 卖茯苓夹饼　36. 早餐“四大金刚”　37. 卖春卷　38. 卖麻油馓子　39. 馄饨挑　40. 卖饺子　41. 担担面　42. 卖云梦鱼面　43. 卖凉面　44. 卖切面　45. 卖过桥米线　46. 卖元宵　47. 卖八宝饭　48. 卖及第粥　49. 卖粽子　50. 爆炒米花　51. 米粮店　52. 卖凉粉　53. 卖松花粉　54. 烘山芋　55. 切薯干　56. 卖胡萝卜　57. 卖鲜藕　58. 煮玉米　59. 卖金针菜　60. 卖山野菜　61. 卖花生　62. 卖火腿　63. 卖东坡肉　64. 卖猪头肉　65. 卖夫妻肺片　66. 卖涮羊肉　67. 烤羊肉　68. 卖狗肉　69. 卖白果烧鸡　70. 卖叫花鸡　71. 卖茶叶蛋　72. 卖烤鸭　73. 卖鹌鹑　74. 卖清水大闸蟹　75. 豆腐挑　76. 炸豆腐　77. 炸臭干　78. 卖乳腐　79. 卖榨菜　80. 盐商　81. 卖醋　82. 换馍做酱　83. 卖小磨香油　84. 葱姜摊　85. 卖西瓜　86. 卖哈密瓜　87. 卖葡萄　88. 卖白果　89. 卖橄榄　90. 卖糖炒栗子　91. 卖冰糖葫芦　92. 卖甘蔗

※　根据网络及传说整理，在此仅供参阅，未经核实

93. 卖梨膏糖　94. 卖水　95. 老虎灶　96. 卖豆浆　97. 卖马奶　98. 卖冷饮　99. 卖雪花酪　100. 茶馆业　101. 卖酒业　102. 卖甜酒酿　103. 卖西凤酒　104. 卖茅台酒　105. 卖烟袋嘴　106. 卖香烟　107. 鼻烟铺

三　纺织服饰行业

108. 轧棉花　109. 纺纱　110. 蓝印花布　111. 蜡染　112. 染工　113. 漂工　114. 缫丝工　115. 织锦　116. 蜀锦业　117. 绸缎庄　118. 刺绣　119. 卖绒线　120. 地毯织　121. 裁缝　卖布　122. 张小泉剪刀　123. 制造熨斗　124. 卖缝针　125. 卖纽扣　126. 制作中山装　127. 制作旗袍　128. 卖估衣　129. 缝穷婆　130. 鞋铺　131. 卖三寸金莲　132. 卖包脚布　133. 修鞋匠　134. 修阳伞　补套鞋　135. 打草鞋　136. 缝袜子　137. 卖虎头鞋　帽　138. 卖毡帽　139. 卖缠腰

四　手工业行业

140. 木匠　141. 车匠　142. 雕花匠　143. 瓦匠　144. 石匠　145. 造园业　146. 打井　147. 卖门铃　148. 煤矿工　149. 烧炭工　150. 炭铺　151. 卖灯草　152. 烛坊　153. 香烛摊　154. 卖筷子　155. 制作屏风　156. 修棕绷　157. 弹棉花　158. 卖枕头　159. 卖胭脂　160. 淘金　161. 金箔工匠　162. 卖戒指　163. 制作长命锁　164. 修钟表　165. 铁匠　166. 削刀磨剪刀　167. 铜匠　168. 秤匠　169. 制伞匠　170. 卖伞　171. 卖竹竿　172. 篾匠　173. 绳匠

五　交通运输行业

174. 抬轿子　175. 拉黄包车　176. 赶脚　177. 邮差　178. 制作信牌　179. 更夫　180. 窝脖儿　181. 制造车　182. 修马路　183. 摆渡　184. 放筏　185. 纤夫　186. 码头挑夫　187. 造船匠　188. 制作灯塔

六　医药卫生行业

189. 游医　190. 拔火罐　191. 拔牙　192. 绞脸　193. 接生婆　194. 中药堂　195. 草药摊　196. 卖三七　197. 卖蒲艾　198. 卖枸杞子　199. 卖杭白菊　200. 卖蒲公英　201. 卖百合　202. 销售云南白药　203. 卖狗皮膏药　204. 卖蛇酒　205. 卖凉烟　206. 卖耗子药　207. 卖香包　208. 卖眼镜　209. 理发　210. 卖假发套　211. 卖木梳　212. 卖耳勺　213. "穿"牙刷　214. 卖手杖　215. 卖蒲扇　216. 卖羽扇　217. 制团扇　218. 卖折扇　219. 卖冰　220. 卖鸡毛掸子　221. 卖夜壶　222. 粪夫　223. 澡堂　224. 修脚

七　文化教育行业

225. 私塾师　226. 绍兴师爷　227. 办学校　228. 书贩　229. 卖报　230. 卖碑帖　231. 卖贺年卡　232. 照相馆　233. 卖相片　234. 小书摊　235. 装订制书　236. 雕版　237. 造纸匠　238. 制毛笔　239. 制砚　240. 制墨　241. 卖八宝印泥　242. 卖算盘　243. 代写书信　244. 写春联　245. 卖"福"字　246. 制牌匾　247. 作家

八　休闲娱乐行业

248. 卖毽子　249. 套圈圈　250. 转糖博彩　251. 卖花炮　252. 卖象棋　253. 围棋手　254. 摆棋局　255. 卖麻将牌　256. 卖响铃　257. 旅游业　258. 养鸟　259. 斗鸡　260. 斗蟋蟀　261. 跑狗场　262. 猴子耍把戏　263. 马戏　264. 顶技　265. 蹬技　266. 变戏法　267. 卖武艺　268. 掼跤　269. 舞狮子　270. 舞龙灯　271. 打花鼓　跑马灯　272. 跑旱船　273. 踩高跷　274. 卖乐器　275. 班鼓匠　276. 小堂茗　277. 放话匣子　278. 歌女　279. 扭秧歌　280. 舞蹈者　281. 舞女　282. 唱鼓书　283. 打连厢　284. 宣卷　285. 说相声　286. 串双簧　287. 唱戏　288. 京剧　289. 看西洋景　290. 木偶戏　291. 皮影戏　292. 电影

九　工艺美术行业

293. 印年画　294. 杨柳青年画　295. 卖春画　296. 指画　297. 漆画　298. 画肖像　299. 卖烟画　300. 卖月份牌　301. 铸铁画　302. 裱画　303. 内画鼻烟壶　304. 卖泥人“大阿福”　305. 卖不倒翁玩具　306. 做面塑　307. 制作戏曲脸谱　308. 吹糖人　309. 陶瓷工　310. 卖唐三彩　311. 刻瓷　312. 龙眼木雕业　313. 砖雕　314. 石狮子雕刻　315. 琢玉成器　316. 象牙雕　317. 制作景泰蓝　318. 剪纸花样　319. 卖“嚣”字　320. 糊风筝　321. 灯笼作　322. 制作灯彩　323. 卖中国结

十　其他社会行业

324. 会计　325. 经纪人　326. 跨国经商　327. 铸钱币　328. 钱庄　329. 当铺　330. 卖彩票　331. 跑堂倌　332. 鸡毛换糖　333. 换取灯　334. 打鼓的　335. 收破烂　336. 捡烂纸　337. 奶妈　338. 媒婆　339. 乞丐　340. 殡葬业　341. 棺材铺　342. 卖“长锭”锡箔　343. 算命先生　344. 测字先生　345. 仙姑　346. 巫师　347. 妓女　348. 拉皮条　349. 相公　350. 小偷　351. 强盗　352. 卖蒙汗药　353. 制作洛阳铲　354. 卖烟枪　355. 卖白粉　356. 宦官　357. 保镖　358. 刽子手　359. 狱警　360. 巡警

附录2　传说中的各行业祖师爷※

《周礼·考工记》中讲“知者创物，巧者述之，守之世谓之工。百工之事，皆圣人作也。”各行各业都有它们的创始人——祖师爷。古时，各行业都很重视行业祖师崇拜，视其为本行业的保护神。祖师爷们都是些很有名望的人，直接或间接地开创、扶持过本行业。民间就有“三百六十行，无祖不立”的说法。中国各地各行业千古流传，均有供奉“祖师爷”的习俗。以下就是根据资料整理的各行的祖师爷以及传说，仅供参考。

1. 农业的祖师爷：土神和谷神

周代的始祖名弃，又名后稷，在尧、舜时期被封做农官，教民耕种稷麦，故后世农业尊其为祖师，并与社神合一，称为土地神。村野之间，每隔三五里的田头路边就建有一座小矮屋——土地庙。

2. 教育业的祖师爷：孔子

名丘，字仲尼，汉族，东周时期鲁国陬邑（山东曲阜南辛镇）人。中国春秋末期的思想家和教育家，儒家思想的创始人，晚年致力于教育并著述立说，史称他曾授教“弟子三千，贤人七十”。孔子被后人尊为“至圣先师”“万世师表”。旧时书生、学子、学童在家中正堂，私塾、县学、府学、大学均在正厅供奉孔子牌位。

3. 裁缝业的祖师爷：轩辕氏（黄帝）

《史记》称黄帝：“姬姓，号轩辕氏、有熊氏”。后世尊其为中华文明的“人文初祖”。因传言黄帝曾教民众用骨针穿麻线缝树叶和兽皮做衣，故被缝纫业尊为祖师。

※　本资料根据民间传说整理而成，仅供参阅，无实际考证

4. 蚕丝业的祖师爷：嫘祖（又作累祖）

传说她是黄帝的妻子，曾教民养蚕治丝，北周以后被视为蚕神。

5. 织工、绸缎业的祖师爷：织女

历史上，中国古代弇兹氏的织女是中国历史上最早的一位女首领，后世人追尊她为女帝，又称玄女、玄帝、王素、素女、须女、帝弇兹等。她在距今三万年前就发明了用树皮搓绳的技术。《月令广义·七月令》引南朝梁殷芸《小说》："天河之东有织女，天帝之子也。年年机杼劳役，织成云锦天衣，容貌不暇整。帝怜其独处，许嫁河西牵牛郎，嫁后遂废织纴。天帝怒，责令归河东，但使一年一度相会。"汉代起，每年的农历七月初七，成为传统节日。东晋葛洪的《西京杂记》有"汉彩女常以七月七日穿七孔针于开襟楼，人俱习之"的记载。

6. 酿酒业的祖师爷：杜康

凡酒坊、酒馆、酒家均尊奉杜康为祖师。杜康即少康，为夏代的第五任君主。《说文解字》称其为"古者少康初作箕帚、秫酒"。又传禹帝曾命"仪狄造酒"，有的地方亦尊仪狄为酒业的祖师。相传夏禹时，帝女为进献品，而令仪狄造酒，其味甘美，甚得禹帝赞赏，因而蔚成造酒之风气。

7. 堪舆五术业的祖师爷：鬼谷子

鬼谷子姓王名诩（亦有称禅），春秋时代河南琪县人，居云梦山，精通堪舆数术命相、医术、授徒孙膑，得道后受后人尊崇为祖师。

8. 印刷业的祖师爷：仓颉

仓颉，陕西省渭南白水县人。《说文解字》记载，仓颉是黄帝时期造字的史官，被尊为"造字圣人。"他造字以供后人沿袭记录及沟通。"昔者仓颉作书而天雨粟，夜鬼哭！"文字一出，人类从此由蛮荒岁月转向文明生活。

9. 刺绣的祖师爷：卢眉娘

唐朝南海人，眉娘生下时，眉如线而且长，所以叫"眉娘"。眉娘小时候就很聪明，手工精巧无比。能在一尺长的绢上，绣出七卷《法华经》，包括品评之词，字的大小不超过小米粒，而且一点一画都很分明，细得像毛发，更善于制作伞盖，其上人物山水、亭台楼阁很多而不失细致，一丈宽的伞盖重量不到三两，被称为神姑，她不吃东西每天只饮二三合的酒。后来又被赐名号“逍遥”。

10. 木匠的祖师爷：鲁班

鲁班姬姓，公输氏，名般。鲁国公族之后。又称公输子、公输盘、班输、鲁般。因是鲁国人，“般”和“班”同音，古时通用，故人们常称他为鲁班。鲁班的发明创造很多。不少古籍记载，木工使用很多的木工器械都是他发明的。像木工使用的曲尺，叫鲁班尺。又如墨斗、伞、锯子、刨子、钻子等，传说均是鲁班发明的。

11. 油漆匠的祖师爷：吴道子

汉族人，玄宗赐名道玄。是中国唐代第一大画家，被后世（唐宣宗847年）尊称为“画圣”，在历代从事油漆彩绘与塑作专业的工匠行会中均奉吴道子为祖师。

12. 棉布业的祖师爷：黄道婆

又名黄婆，中国元代著名的棉纺织革新家。元贞年间，她将在崖州（今海南岛）生活三十余年所学到的纺织技术进行改革，制成了一整套扦、弹、纺、织工具（如搅车、椎弓、三锭脚踏纺车等），极大地提高了当时的纺纱效率。在织造方面，她用错纱、配色、综线、花工艺技术，织制出有名的乌泥泾被，推动了松江一带棉纺织技术和棉纺织业的发展，使松江在当时一度成为中国棉纺织业的中心，对当时植棉和纺织技术的发展起到了很大的推动作用。

13. 竹木泥瓦匠的祖师爷：鲁班

历史上确有其人，氏公输，名般（取同音字为“班”），春秋时鲁国人，故称鲁班，生平创造过云梯、石磨、木作工具及木制飞鸟等，为当时杰出的发明家。

14. 铁匠、铜匠、银匠与冶铸业的祖师爷：太上老君

《老子内传》称：“太上老君，姓李名耳，字伯阳，一名重耳；生而白首，故号老子；耳有三漏，又号老聃。”传说老子曾铸造八卦炉（后人称为“老君炉”）炼制丹药以求长生。

15. 陶瓷的祖师爷：赵慨

字叔明，生于西晋，东晋时期曾在浙江和福建为官，据说因刚正不阿被贬。

后来到江西，利用在浙江所习的越窑制瓷技术改良景德镇的制胚、胎釉配制和烧造工艺等，为景德镇陶瓷业的发展做出了重大贡献。据《浮梁县志》记载："道通神秘，法济生灵……镇民多陶，悉资神佑。"景德镇陶瓷行业，一向奉赵慨为师祖。明代洪熙年间，曾在景德镇内建"师主庙"，后称"佑陶灵祠"，以赵慨为"师主""佑陶之神"世代供奉。

16. 豆腐业的祖师爷：刘安

江淮大地奉淮南王刘安为祖师。其人为刘邦之孙，袭封淮南王，治寿春（今寿县），因"招致宾客方术之士数千人"，集编成《淮南子》一书，并在熬制丹药时，无意间用黄豆、盐卤做成了豆腐脑（即水豆腐）。

17. 中医业的祖师爷：扁鹊

战国时医学家扁鹊创立望、闻、问、切"四诊"医术，扁鹊姓秦，名越人，河北任丘人。后世尊奉他为中医的祖师。

18. 制笔业的祖师爷：蒙恬

传说秦朝名家蒙恬曾改良过毛笔，故被尊奉为制笔业的祖师。蒙恬是秦朝时代大将，他以枯木为管，鹿毛为柱，羊毛为被，制成苍毫名秦笔，而被尊奉为制笔始祖。

19. 印染业的祖师爷：东晋葛洪

葛洪字雅川，自号抱朴子，丹阳句容（今属江苏）人，着《抱朴子》一书，曾在炼丹中提炼出各色染料，被后世应用来印染布帛、纸张。

20. 火腿业的祖师爷：宋朝宗泽

宗泽字汝霖，婺州义乌（今属浙江）人，为宋朝名将。相传他发明了火腿的制作方法，流传甚广。

21. 评书业的祖师爷：柳敬亭

评书古称评话，又称鼓书、板话。柳敬亭，本姓曹，通州（今江苏南通）人，被后人誉称为"柳评书"。

22. 人相业的祖师爷：风后氏

远古黄帝宰相，精通相术，首创风鉴之学。

23. 命相业的祖师爷：麻衣仙

精通民间相人术，着有麻衣相法流传于世。

24. 烧窑业的祖师爷：女娲娘娘

神话记载女娲炼石而补天，是窑业之始祖发明人。

25. 餐饮业的祖师爷：易牙

春秋朝代人氏，善于调味，见赏于齐桓公而闻名。

26. 渔业的祖师爷：姜太公

名尚，在渭水隐居钓鱼，遇文王而奉为国师。

27. 理发业的祖师爷：吕洞宾或罗公

相传吕洞宾座下之柳木，曾以随剃即长术戏耍剃头师传，经吕洞宾以飞刀变剃刀制伏，故后世理发业供其为祖师。

28. 美容业的祖师爷：李渔

清代戏曲家，人称李十郎，精于谱曲，指导艺人姿态表演及化妆。

29. 茶业的祖师爷：陆羽

唐代人，著作有茶经之品茗书籍，后经传颂后，喝茶风气随之盛行。

30. 槟榔业的祖师爷：韩愈

唐宋八大家之一，韩愈因批评时政，遭贬官潮州，因水土不服身患湿寒之症，因吃槟榔而病愈。

31. 旅馆业的祖师爷：关羽

关羽为人正直，做事言而有信，故为后世人当官及做生意人皆尊为祖师。

32. 砚墨业的祖师爷：子路

子路为孔子学生，以砚墨而传之。

33. 糕饼业的祖师爷：诸葛亮

三国时诸葛亮率军征蛮凯旋而回时，途经泸水，猖神阻道有待人头祭祀，诸葛亮改用牛马肉做馅，外包面粉作成馒头来替代祭祀而受尊崇。

34. 商人的祖师爷：赵公明

赵公明即赵玄坛，亦称赵公元师。道教所奉的财神。其像黑面浓须，头戴铁冠，手执铁鞭，身跨黑虎。传说能驱雷役电，除瘟禳灾，主持公道，求财如意。

35. 机械业的祖师爷：马钧

马钧，字德衡，扶风（今陕西兴平）人，是中国古代科技史上最负盛名的机械发明家之一。马钧年幼时家境贫寒，自己又有口吃的毛病，所以不擅言谈却精于巧思，后来在魏国担任给事中的官职。指南车制成后，他又奉诏制木偶百戏，称“水转百戏”。接着马钧又改造了织绫机，提高工效四五倍。马钧还研制了用于农业灌溉的工具龙骨水车（翻车），此后，马钧还改制了诸葛连弩，对科学发展和技术进步做出了贡献。

36. 咸菜制造业的祖师爷：秦始皇

据说，当初秦始皇下令修筑万里长城，在全国征集了几十万民工，如此多的人集中在一起，吃饭吃菜便成了大问题。秦始皇便派人在蔬菜旺季大量采购新鲜菜蔬，以盐腌制好后以备淡季时供民工食用，就这样，秦始皇便成了咸菜业供奉的祖师爷。

37. 竹匠的祖师爷：泰山

竹匠，俗称“篾匠”。泰山，春秋时鲁国人。原是能工巧匠鲁班的徒弟，后来不知何故被鲁班赶走了。经反复考虑，决心学习师傅做活精巧的长处和机理，改做竹匠，做好了拿到集市上去卖。一天，鲁班出去逛集市，看到那里摆着各式各样的竹器出售。只见那些竹器件件做工精细，精巧别致，赞叹不已，但不知出自谁人之手。经过打听，才知是被自己赶出门的泰山所做，于是感慨万端。既认识到当初不该把这样的徒弟赶出门，又觉得泰山心灵聪慧、技艺精巧，大有前途。不禁感叹道：“我真是有眼不识泰山啊！”后世做竹（篾）匠者，便把泰山奉为自己的祖师爷。

38. 裁缝的祖师爷：轩辕氏

轩辕为复姓，即黄帝。古人乘坐的车子，前高后低叫轩，大车左右两木直而平者谓之辕。

《史记》称黄帝：“姬姓，号轩辕氏、有熊氏”。后世尊其为中华文明的“人文初祖”。因传言黄帝曾教民众用骨针穿麻线缝树叶和兽皮做衣。故被缝纫业尊为祖师。

39. 鞋匠的祖师爷：孙膑

孙膑被庞涓设计受膑刑（古代挖去膝盖骨的刑法）后，愤恨难平。他立志报仇以洗清自己蒙受的奇耻大辱。他发愤苦学，日积月累撰写成《孙膑兵法》。受刑后的他不能站立行走，为了能走上战场和庞涓决一死战，他就用硬皮革裁成“鞋底”，软皮革裁成“鞋帮”，然后缝制成高筒皮靴。穿上了这种皮靴，孙膑就能让自己站立起来指挥军队打战了，因后来孙膑成了将军，所以他发明的这种高筒皮靴成为军队中人人爱穿的军靴。打这开始，匠人纷纷学会用革皮制鞋了，皮鞋匠这行就兴旺起来。皮鞋匠们都敬孙膑为孙师爷。

40. 收废品的祖师爷：陶侃

陶侃，东晋荆州刺史。少年家境酷贫，养成勤俭节约习性，小到竹头木屑和鸡毛蒜皮，都绝不浪费。

41. 粮店的祖师爷：韩毒龙

封神榜中的增福神，商纣上大夫杨任的部下。与薛恶虎都有能够变出粮食的法器。

42. 唱戏的祖师爷：唐明皇

唐明皇（685—762）即李隆基，称唐玄宗，唐代皇帝。在位期间，爱好声色，为了组织戏班演出，自己演小丑角色。传延至今，戏班中数小丑地位最高。

43. 屠宰业的祖师爷：真武大帝

真武大帝年轻时以杀猪为业，但心地善良，后为观世音菩萨渡化，放下屠刀，立地成佛而得道。

44. 剪刀的祖师爷：张小泉

张小泉，南直隶徽州府黟县（今安徽省黄山市黟县）人。

在杭州生产祖传剪刀，乾隆年间为贡品。

45. 说相声的祖师爷：东方朔

东方朔（前161年—前93年），本姓张，字曼倩，平原郡厌次县（今山东省陵县神头镇）人，西汉辞赋家。汉武帝即位，征四方士人。东方朔上书自荐，诏拜为郎。后任常侍郎、太中大夫等职。他性格诙谐，言词敏捷，滑稽多智，常在武帝前谈笑取乐，"然时观察颜色，直言切谏"

46. 造纸业的祖师爷：蔡伦

蔡伦（？—121）东汉桂阳（郡治今湖南郴州市）人，字敬仲。和帝时，为中常侍，曾任主管制造御器物的尚方令。他总结西汉以来的造纸经验，改进造纸技术，采用树皮、麻头、破布、旧鱼网为原料造纸，为我国造纸术的发明人。

47. 风水业的祖师爷：刘伯温

刘基（1311年7月1日—1375年4月16日），字伯温，汉族，浙江文成南田（原属青田）人，故时人称他刘青田，元末明初杰出的军事谋略家、政治家、文学家和思想家，明朝开国元勋，明洪武三年（1370）封诚意伯，人们又称他刘诚意。武宗正德九年追赠太师，谥号文成，后人又称他刘文成、文成公。刘基通经史、晓天文、精兵法。他辅佐朱元璋完成帝业、开创明朝并尽力保持国家的安定，因而驰名天下，被后人比作诸葛武侯。

48. 制车业、交通业祖师爷：造父

造父：制车业、交通业——姓嬴，周穆王时人，伯益13代孙，"赵"姓始祖。特别善于架马车，天上有"造父变星"。

49. 裘皮业的祖师爷：比干

商朝有名的比干发现狐狸皮抢去油以后，板的大部分是硬的，可皮的边部又薄又软。于是他找了许多狐狸皮，把皮边上又薄又软而且毛又不算太小的部分裁下来，再拼凑成服装。也就是后来'集腋成裘'的说法。从那以后，皮匠师傅们就流行了皮毛裁制的手艺。以至后来人们把比干称作是皮毛的祖师爷。

50. 兽医业的祖师爷：马师皇

相传为秦穆公时的人，姓孙名阳，善相马。指个人或集体发现、推荐、培养和使用人才的人。汉·韩婴《韩诗外传》卷七："使骥不得伯乐，安得千里之足。"唐·韩愈《马说》："世有伯乐，然后有千里马。千里马常有之，而伯乐不常有。"

51. 司法监狱业的祖师爷：皋陶

皋陶与尧、舜、禹同为“上古四圣”，是舜帝执政时期的士师，相当于国家司法长官。皋陶又是上古时期伟大的政治家、思想家、教育家，被史学界和司法界公认为“司法鼻祖”，他的“法治”、“德治”思想，与今天的“依法治国”和“以德治国”有着历史渊源关系，皋陶文化中的司法活动与法律思想对中国古代法律文化有着重要影响。皋陶还被后人神话为狱神。

52. 中医业的祖师爷：华佗

字元化，沛国谯（今安徽亳县）人，汉末医学家。对“肠胃积聚”等病创用麻沸散，给患者麻醉后施用腹部手术，反映了我国医学在公元2世纪就有了相当高的成就。他行医各地，声名颇著。

53. 兵家的祖师爷：姜尚

姜尚，名望，吕氏，字子牙，或单呼牙，也称吕尚. 生于公元前1156死于公元前1017年寿至139岁，先后辅佐了六位周王，因是齐国始祖而称“太公望”，俗称姜太公。东海海滨人。西周初年，被周文王封为“太师”（武官名），被尊为“师尚父”，辅佐文王，与谋“翦商”。后辅佐周武王灭商。因功封于齐，成为周代齐国的始祖。他是中国历史上最享盛名的政治家、军事家和谋略家。

54. 花炮业祖师：李畋

李畋[tián]——中国花炮祖师，唐武德四年（公元621年）四月十八日生于醴陵、萍乡、浏阳三地交界的麻石街上。据传，当时灾害连年，瘟疫流行，李畋以小竹筒装硝，导引点燃，以硝烟驱散山岚瘴气，减少了瘟疫的流行，爆竹因而很快推广开来。李畋因此被烟花爆竹业奉为祖师。现在花炮主产区的湖南浏阳、醴陵，江西的上栗、万载均对其进行祭祀缅怀。

55. 偷盗者的祖师爷：时迁

时迁祖籍为山东高唐州，自幼练得一身好轻功，善能飞檐走壁，江湖人称“鼓上蚤”。时迁的精彩故事家喻户晓，为百姓所津津乐道。后世的盗贼们均奉他为祖师爷。是少有的以偷技闻名的英雄。过去很多地方建有时迁庙，庙里供奉的就是“贼神菩萨”时迁。

56. 针灸业的祖师爷：王唯一

王唯一，宋代针灸学家，又名王惟德，曾任太医局翰林医官、殿中省尚药奉御。天圣七年（1029）设计并主持铸造针灸铜人两具，铜人的躯体、脏腑可合可分，体表刻有针灸穴位名，用于教学和考试。在国内外产生了较大的影响。

57. 餐饮业祖师爷：伊尹

伊尹，商初宰相，以烹饪滋味说服商汤致力于王道政策。成语中“割烹要汤”、“调和鼎鼎”、“治大国若烹小鲜”等均由伊尹辅佐商汤成其大业而来。

58. 烧窑业祖师爷：童宾

童宾，明代窑师。太监潘相在景德镇督造青龙缸，久不成功，便残害窑工，童宾纵身入窑抗议，不料龙缸烧炼成功。尊为风火神。

59. 媒婆的祖师爷：月下老人

月神，最初出现在唐人李复言小说集《续玄怪录》的《定婚店》中。相传“天下姻缘一线牵”，是指月神月老的功绩。

60. 厨行的祖师爷：瞻王

詹鼠，相传詹王又名詹鼠，湖北广水市（原名应山县）人，出生于战乱纷飞的南北朝时代，从小机智聪明；长大后拥有精湛的厨艺和仁爱的情怀，并在不断的烹饪实践中，将野山鸡煮熟后磨制成鸡粉，制成调味料，是鸡粉调味料的先驱。隋文帝广贴黄榜征御厨，其告知隋文帝，最好吃的菜肴是“饿”。待隋文帝饥肠辘辘，乃奉上“金鸡报晓”，悟出治国安邦之道。

61. 说唱业的祖师爷：张果老

张果老是八仙之中年龄最大的一位神仙，在中国民间有广泛影响，他是一位真实的历史人物。据记载，张果老是唐朝（681—907年）人，本名张果，由于他年纪很大，所以人们在他的名字上加一个“老“字，表示对他的尊敬。相传他久隐山西中条山。往来晋汾间。唐武则天时已数百岁。则天曾遣使，欲召见之，即佯死。后人复见其居恒州山中。他常倒骑白驴，日行数万里。休息时即将驴折叠，藏于巾箱。曾被唐玄宗召至京师，演出种种法术，授以银青光禄大夫，赐号通玄先生。以后他以“年老多病”为由，又回到中条山去。因为他经常手中拿着竹子做的一种说唱用具，所以后世人们就把他看作是“道情“（中国民间的一种说唱艺术）的祖师，相传于北宋时期聚仙会时应铁拐李之邀在石笋山列入八仙。

62. 武术业的祖师爷：张三丰

张三丰，宋代技击家，全真派道人，武当丹士，被奉为武当派创立者，精拳法，其法主御敌。非遇困危不发，发则必胜。

63. 旅游业的祖师爷：徐霞客

徐霞客（1587年1月5日—1641年3月8日），名弘祖，字振之，号霞客，汉族，明朝南直隶江阴（今江苏江阴市）人。著名的地理学家、旅行家，中国地理名著《徐霞客游记》的作者。被称为“千古奇人”。其一生志在四方，不避风雨虎狼，与长风云雾为伴，以野果充饥，以清泉解渴。足迹遍历北京、河北、山东、河南、江苏、浙江、福建、山西、江西、湖南、广西、云南、贵州等16地，所到之处，探幽寻秘，并记有游记，记录观察到的各种现象、人文、地理、动植物等状况。

64. 中药业的祖师爷：李时珍

字东璧，（1518—1593）明代杰出医学家，今湖北蕲春人。世业医，继承家学，更研究药物，著成《本草纲目》等多部医书。

65. 粮仓业的祖师爷：韩信

韩信（约公元前231年—公元前196年），汉族，淮阴（原江苏省淮阴县，今淮阴区）人，西汉开国功臣，中国历史上杰出的军事家，与萧何、张良并列为汉初三杰。投靠刘邦后，曾任粮仓管理员的头头“治粟都尉”。

后　记

中国传统工匠，用智慧与勤奋创造了灿烂的中华文明，如今社会进入快速发展时期，历经千百年的“传统工匠”与“传统农具”却悄无声息地淡出人们的视线，是历史选择，还是时代变迁？追根溯源，传承记忆是民族使命更是责任担当。

拙作《见证中华农耕文明·传统农具篇》已与读者见面，而我国传统工匠这一古老而庞大的社会群体，虽离我们渐行渐远，但中国工匠精神依然是不可或缺的行业灵魂。经过四年的努力，《中国传统工匠》终于定稿，付梓出版。特别感谢中国农业博物馆研究所研究员胡泽学老师在百忙中对本书提出了宝贵的修改意见。还要感谢南京大学葛飞教授的鼓励与指导。

感谢灌南老科协王汝仁会长、李忠余、韩庆学，灌南政协王墉茂等领导和老师给予帮助和指导。

此书的出版，仍是中国传统工匠中的“冰山一角”。拙作粗浅，只是抛砖引玉，敬请方家斧正。盼有更精彩的专著问世，让中国工匠精神发扬光大。

编著者

2016年3月1日